合众与合纵
——美国标准化体系的竞争力研究

上海市质量和标准化研究院　著

上海科学技术出版社

本书编委会

主　编

杨洁明

副主编

徐　雷

编　委

戴宇欣　邵逸超　施　琴

序

秦始皇"奋六世之余烈"建立大一统的秦帝国后,运用标准化的思想,统一了语言、文字、货币和规则,把六国的永久合一变成了现实。2 000年后的18世纪美国独立伊始,首任总统华盛顿意识到统一度量衡标准对于维护国家的独立和统一至关重要,敦促国会统一国家的度量衡,以恒定不变而又普遍适用的标准为社会公众带来便利。两位建国者跨越时空和社会形态的差异,对于标准化重要性的认识却保持了高度一致。近现代三次工业革命的发起国英国、德国、美国,无一不是当时标准话语权的"执牛耳者"。标准化与国家统一富强之间究竟存在何种关联?这个问题令我深思。

可以说,工业革命彻底颠覆了传统制造业的生产方式,规模化、机械化、信息化、数字化的演变,使标准化成为推动经济发展和提升竞争力的关键。从国际标准化组织(ISO)成立起,以美国、德国和日本为代表的发达国家就高度重视参与制定重要的国际标准。从我2013年就任ISO主席的工作经历来看,无论是发达国家还是新兴经济体,对于标准的重视程度与日俱增,几乎每一项国际标准的诞生都是博弈、妥协，并最终达成一致的产物。

为了缩短与发达国家之间的差距，我国的国际标准化事业在近30年的时间里走过了一条充满挑战的道路。如今，我国在国际标准制定方面的影响力和话语权日益增强，由我国提出和主导制定的国际标准数量逐年增加，但同时也面临着机遇和挑战。对内，如何进一步激发我们标准制定的活力、创新力和市场认可度；对外，如何进一步在合作与竞争并存的国际标准化舞台上唱响中国标准的好声音。

《合众与合纵——美国标准化体系的竞争力研究》一书则为我们开启了一条探究道路。全书以美国标准化作为研究对象，将美国百年标准史向读者娓娓道来。本书见微知著，将美国标准化体系的基本规则、顶层设计、全球布局、标准组织、竞争策略等做了深入浅出的研究和分析，做到既源于标准又高于标准，帮助读者理解美国以标准为技术载体，提升国际竞争力的策略、模式和路径。

如何实现我国的标准化从接轨、升级到引领的发展，在国际标准化领域贡献更多的中国力量？希望本书可以成为每一位读者特别是标准化科研工作者案头的一份借鉴。"他山之石，可以攻玉"，通过了解美国的经验和做法，拓宽国际视野，拓展研究思路，努力探究标准化与科技创新协同发展之路，推动技术标准转化为实实在在的竞争力。

标准先行，才能在未来竞争中占据主动！希望各位标准化工作者，在中国式现代化建设中挺膺担当，一起做出中国标准国际化的样板、典范，从而为中国、为世界贡献中国智慧和中国经验。

2025 年 5 月

前　言

第一次工业革命期间，英国通过制定棉花标准，促进了利物浦成为全球棉花贸易中心，构建起跨大西洋的贸易网络，奠定了"日不落帝国"的经济基础。第二次工业革命的发起国德国，制定了包括A4纸规格在内的人们耳熟能详的标准。到了以信息技术为代表的第三次工业革命时期，美国成为信息技术标准的领跑者，计算机二进制编码以及各类电脑硬件接口标准，都与美国各类标准组织密切相关。因此，可以说"谁制定标准，谁就拥有话语权；谁掌握标准，谁就占据制高点"。但是，发达国家究竟如何在全球标准竞争中居于优势地位？这就是本书想要为读者呈现的内容。

本书的书名中，"合众"与"合纵"体现了美国追求标准全球领导地位的策略和方法。"合众"一词既指代美国的全称"美利坚合众国"，也反映了美国标准化体系的运作特点。在这一体系100多年的发展过程中，纳入了政府、行业、学术、消费者等各个利益相关方，他们的诉求和投入推动了美国标准化的发展，也就是美国国家标准学会（ANSI）所称的"使用者驱动标准化"。

"合纵"是美国在国际标准化领域中竞合模式的写照。美国是国际标准化组织（ISO）的发起国之一，也是最早一批参与国际电工委员会（IEC）的国家，是 ISO、IEC 中最活跃的成员之一。同时，美国也秉承了国际标准六项原则的"多路径法"理念，推动其民间标准组织的全球布局和国际化运作，构建起美国庞大的标准全球网络，形成了一批与 ISO、IEC 合作互补[1]的国际性专业标准组织。而从近年趋势来看，"合纵"一词则更是反映了当前美国标准的国际竞争与合作策略，以"协调单边"模式构建的国际标准竞争布局正在成型，如以欧美贸易技术理事会（TTC）加强以美欧为核心的新兴技术和标准协调机制；在"四方安全对话"（QUAD）、"印太经济繁荣框架"（IPEF）等机制下，推进与日本、印度、澳大利亚等印太地区盟友的标准合作；通过"标准联盟"（Standards Alliance），向发展中国家输出美国标准及其价值观。

本书围绕"合众"与"合纵"这一美国标准化体系竞争策略的定位，依循从整合内部资源不断夯实标准技术基础，到强化国际竞合激化全球竞争态势的逻辑逐步展开。第一章阐述美国标准化体系的发展历史及各主要相关方在这一体系中的角色与作用；第二章介绍美国的标准化教育以展现其为了维持标准领先地位，在人才建设方面所做的投入；第三章剖析美国从强化标准战略到完善标准相关立法，将标准视为"制胜未来"的战略定位；第四章分析美国近年来的标准重点竞争领域，特别是引领未来的关键和新兴技术标准战略，以及当前的重中之重——人工智能标准；第五章从美欧同盟到打造盟友圈，全面介绍美国以"协调单边"模式构建的国际标准竞争布局；第六章剖析美

---

[1] 美国国家标准与技术研究院（NIST）技术管理所原所长雷蒙德·卡默："在某些领域，在广泛的国际参与下制定的美国标准是对现有 ISO 和 IEC 工作的补充，而不是重叠。"

国政府和民间视中国为国际标准舞台中主要竞争对手的不同立场和态度。本书的内容已多次在著作单位上海市质量和标准化研究院的各类智库型成果中有所引用和体现。

  本书参阅了大量中外文文献，并尽可能在参考文献中列出。本书撰写过程中得到了国际标准化组织原主席张晓刚先生、国务院原参事张纲先生等国内外知名专家的指导，他们提出了许多宝贵的意见和建议，在此一并表示由衷的感谢。本书适用于国际经济、国际贸易、国际关系以及国际标准化领域的专业研究人员，期望本书能够为相关领域的研究提供新的视角和思路。因水平有限，书中错漏疏误之处在所难免，恳请广大读者批评指正。

作 者

2025 年 5 月

目 录

第一章 庞大的标准王国：独特的美国标准化体系　001

第一节　美国标准化体制的历史　002
一、源于度量衡的政府标准化制度　002
二、商业文明孕育壮大的民间标准　004
三、政府与民间的融合　007

第二节　美国政府的多重身份　010
一、民间标准的使用者　010
二、民间标准化活动的参与者　014
三、美国标准的领导者　016

第三节　民间标准组织和民间标准　019
一、庞大的民间标准组织网络　019
二、自愿共识标准　022
三、来自消费者的输入　027

第四节　美国标准的国际化　031
　　一、国际标准舞台中的美国　031
　　二、民间标准的国际化　034

第二章　美国标准化教育：投资下一代标准领导者　038

第一节　美国标准化教育体系　038
　　一、标准化教育的战略规划　038
　　二、标准化教育体系的构成　040
第二节　标准化高等教育　042
　　一、高校标准化教育课程　042
　　二、以兴趣为导向的教育活动　049
　　三、面向就业的技能培养　051
第三节　标准化职业教育　052
　　一、专业技术人员　052
　　二、政府标准化队伍　053
第四节　标准化社会教育　055
　　一、标准化教育的普及　055
　　二、青少年标准化意识的培育　060

第三章　战略和立法：从更高的站位审视标准的价值　063

第一节　美国国家标准战略的演变：稳定性和灵活性并存　063
　　一、美国标准战略的历史沿革　063

二、国内：持续完善标准的生态圈　066
三、国际：以标准维护美国利益　071
第二节　从战略到立法　072
一、标准：制胜未来的优先事项　072
二、《芯片和科学法》：对标准投资　079

第四章　竞争的制高点：标准与科技　087

第一节　标准与新兴技术　088
一、关键和新兴技术　088
二、目标及其措施　091
三、狭隘的局限性　095
四、趋势　098
第二节　标准与人工智能　101
一、前所未有的政府介入　101
二、重点、行动与趋势　104
三、聚焦关键领域的盟友合作　106
第三节　数字化与标准战略转型　109
一、推动标准数字化潮流　109
二、引领 SMART 标准研究　110
三、打造数字化工作环境　112
第四节　一种模式：标准协作机制及其标准路线图　115
一、ANSI 标准协作机制　115
二、标准路线图　120

第五章　合作与输出：与伙伴关系深度捆绑的合纵连横　124

第一节　新型的小院高墙：跨大西洋标准合作及其扩张　124
一、"小院高墙"与"去风险"的同盟语境　124
二、美欧标准化合作的总体趋势　126
三、欧美贸易技术理事会　129
四、政治正在侵蚀标准　134

第二节　从"标准联盟"看无处不在的美国标准　137
一、美国公私合作对外输出的典范　137
二、以目的为导向的渐进式渗透　141
三、"双赢"的结果　147

第三节　后院：拉美的美国标准　150
一、贸易自由化和标准美国化　150
二、美国民间标准在拉美　154

第六章　合作还是排斥？美国眼中的中美标准竞争　158

第一节　国际标准舞台上的新势力　158
一、崛起的中国标准　158
二、离不开的中国标准　163
三、混乱情绪与大调查　166

第二节　优越感与警惕并存的复杂心理　169
一、基于实力的优越感　169
二、误读、恐惧和抹黑　171
三、正视　176

参考文献　179
附录1　中外缩略语对照表　193
附录2　有关美国标准化的主要文件　205
附录3　《美国标准战略2020》（摘要）　208
附录4　《美国政府关键和新兴技术国家标准战略》（摘要）　213
附录5　"美国芯片计划"标准路线图概要　218

第一章

庞大的标准王国：
独特的美国标准化体系

"标准和用于评估标准符合性的方法至关重要，这是国家技术基础设施的重要组成部分，对美国工商业的发展和国民的健康安全至关重要。美国的标准由一个复杂而高效的体系所产生，工业界、学术界、消费者和政府均参与其中。这个体系在过去百年间不断发展，以满足美国业界和社会的需求。"

——2000年9月13日，美国国家标准与技术研究院（NIST）技术管理所时任所长雷蒙德·卡默（Raymond G. Kammer），在原美国众议院科技委员会（Committee on Science and Technology）[①] 会议上，就首版《美国标准战略》所做说明

---

① 美国众议院科技委员会现改为美国众议院科学、空间和技术委员会（House Committee on Science, Space, and Technology）。

第一节 美国标准化体制的历史

一、源于度量衡的政府标准化制度

美国的标准化管理制度起源于其建国之初对于度量衡标准（standard of weights and measures）的讨论。《1787 年美国宪法》[Constitution of the United States (1787)]赋予国会"制定度量衡标准的权力"[1]。乔治·华盛顿（George Washington）、托马斯·杰斐逊（Thomas Jefferson）、詹姆斯·麦迪逊（James Madison）等一批美国开国元勋强调了度量衡制度（regulation of weights and measures）对于确保美国独立和统一的重要性。

1785 年，美国"宪法之父"麦迪逊指出："我们应该遵循睿智的哲学家的建议，根据赤道或任何特定纬度上秒钟的钟摆长度来确定度量衡的标准。以秒摆的摆长作为长度单位的方案更容易推广和实施[2]，因为秒摆的摆长在任何时候、任何地方都是相同的。以这样的基准来制定度量衡制度，不仅可以确保美国永久统一，也可能催生出适用于各国的度量衡通用标准。语言不同会带来不便，同样地，使用不同的度量衡制度也会带来不便[3]。"

美国首任总统华盛顿于 1790 年 12 月 7 日和 1791 年 10 月 25 日两次敦促国会，他说："统一国家的度量衡是宪法赋予国会的重要使命。如果可以从一个既恒定不变而又普遍适用的标准中推导出度量衡制度，那么这将给社会公众带来极大的便利，国会也会因此赢得荣誉[4]。"

---

[1]《1787 年美国宪法》第 1 条第 8 款第 5 项规定：国会有权铸造货币、厘定本国货币和外国货币的价值，并制定度量衡的标准（To coin Money, regulate the Value thereof, and of foreign Coin, and fix the Standard of Weights and Measures）。
[2] 公元 1660 年：英国伦敦皇家学会提出作利用单摆来确定秒，摆长近 1 米的单摆，一次摆动的时间长度大约是 1 秒，秒摆的摆长定为长度的单位。
[3] 摘自《麦迪逊致门罗的信》（1785 年 4 月 28 日），《詹姆斯·麦迪逊的信件和其他著作》（费城，1865 年），i，152−153。
[4] 摘自华盛顿手稿（菲茨帕特里克整理），xxxi，168，403.

1821年2月22日,时任美国国务卿亚当斯(John Quincy Adams)向国会提交了《关于度量衡的报告》(*Report upon Weights and Measures*),强调了度量衡的重要性:"度量衡与社会中每个人的日常生活息息相关,涉及每个家庭的生计,也对人类社会的每个行业、每个职业产生重要影响——产权的分配与安全、商业中的交易、农夫的生产劳作、工匠的创意、哲学家的研究、古物学家的研究、水手的航行、军人的行军,以及和平交流和战争都离不开度量衡[①]"。亚当斯提议使用英制,但这一主张在当时并没有得到美国国会的支持。

1836年,美国成立了标准度量衡办公室(Office of Standard Weights and Measure),隶属于财政部下属的海岸和大地测量局(United States Coast and Geodetic Survey),其最初设立目的是统一和定义各州使用的标准和度量单位。当时,美国的科学界呼吁统一使用国际单位制来替代原先约定俗成的英制单位。然而,在南北战争之前,美国的中央政府对于各州的控制力和影响力远没有现在强大,统一或改革度量衡制度未能得到各州政府官员的支持,且其建国初采用的英制单位也已经为工程师所习惯。直到1838年,美国才确定了度量衡单位。1866年,美国颁布《公制单位法案》(*Metric Act of 1866*),承认公制单位的合法地位。但时至今日,美国仍处于"一个国家两套度量衡制度并行"的状态:在日常生活及商业活动中主要采取美制单位测量;而在科学、医学以及许多工业领域,连同美国军方,则都采用公制单位。

南北战争结束后,美国国内统一市场逐步形成,其资本主义经济得到了迅速发展。这一时期,标准对于推动建立美国国内统一市场的作用日益凸显。随着对精确度量衡和其他标准的需求不断增长,工

---

① 约翰·昆西·亚当斯提交给国会的《关于度量衡的报告》根据1817年3月3日美国参议院决议而编制(*Report upon Weights and Measures*/By John Quincy Adams, Secretary of State of the United States. Prepared in obedience to a resolution of the Senate of the third March, 1817)。

业界、标准界和学术界的专家越来越觉得有必要建立"国家计量研究院",以统一国家的计量和标准制度。为此,美国国会于 1901 年将标准度量衡办公室改组为国家标准局(National Bureau of Standards, NBS),隶属于财政部,并提名萨缪尔·斯特拉顿(Samuel W. Stratton)担任 NBS 首任局长。1903 年,NBS 转为隶属当时新成立的美国商务和劳工部(U.S. Department of Commerce and Labor)[①]。1988 年,依据《美国国家标准与技术研究院法案》(*National Institute of Standards and Technology Act*),美国商务部将国家标准局更名为国家标准与技术研究院(NIST),并对该机构进行现代化改组,以增强其提高美国工业竞争力的能力,同时保留其作为提供测量、校准和质量保证技术的主要国家实验室的传统职能。2005 年,NIST 与美国国家标准学会(American National Standards Institute,ANSI)签署谅解备忘录(Memorandum of Understanding,MOU)。NIST 作为美国联邦机构间标准化工作协调者的职能定位正式确立。

二、商业文明孕育壮大的民间标准

19 世纪下半叶,美国的商业贸易快速发展,在国际贸易中的地位显著上升。1860 年后,美国的出口额在世界贸易中的占比一度达到 9%。同一时期,美国的民间标准组织也开始涌现,诞生了一批开展标准化活动的社团组织,如 1890 年成立了美国机械工程师协会(American Society of Mechanical Engineers,ASME),1894 年成立了美国保险商实验室(Underwriter Laboratories Inc.,UL),1898 年成立了美国材料与试验协会(American Society for Testing and Materials,ASTM)。这些组织日后成为美国标准化体系的基石,时至今日仍然具

---

① 现美国商务部的前身。

有较高的国际影响力和知名度。

进入20世纪以后,越来越多的行业协会、专业机构和企业日益重视并开展标准化工作,但标准重复、矛盾、冲突等问题也随之产生。因此,成立一个专业的标准化机构来协调全美的标准化事务迫在眉睫。为了响应业界的需求,1918年10月19日,美国电气工程师协会(American Institute of Electrical Engineers,AIEE)[①]邀请ASME、美国土木工程师协会(American Society of Civil Engineers,ASCE)、美国采矿和冶金工程师协会(American Society of Mining and Metallurgical Engineers,ASMME)和ASTM联合组建了一个全国性的技术组织——美国工程标准委员会(American Engineering Standards Committee,AESC),以协调美国的标准制修订工作,批准全国性的共识标准。随后,这五家组织邀请美国战争部(美国陆军部的前身)、海军部和商务部作为创始会员加入。AESC的成立标志着美国民间标准化工作机制的初步建立。AESC成立第一年的年度预算资金为7 500美元,仅有两名成员,分别是常务秘书长保罗·阿格纽(Paul G. Agnew)和一名行政主管克里夫特·勒佩奇(Clifford B. LePage)。勒佩奇同时也是ASME的成员。

1919年,AESC批准了第一个管螺纹标准。1920年,其着手国家安全技术规范的协调工作。1921年,在AESC的推动下,美国第一部《标准安全守则》(American Standard Safety Code)发布,其中涵盖了对工人头部和眼睛的保护标准。在成立之初的10年间,AESC还批准了采矿、电气和机械工程、建筑和公路交通领域的国家标准。

20世纪20年代起,AESC开始参与国际标准化活动。1926年,其作为创始机构之一主办了国际标准协会(International Standards

---

[①] 现改名为电气与电子工程师学会(Institute of Electrical and Electronics Engineers,IEEE)。

Association，ISA）①成立大会。1928年，AESC更名为美国标准协会（American Standards Association，ASA）。

20世纪30年代，ASA的工作重心是职业健康安全相关标准、法规和技术规范的协调事宜。1941年，美国正式参加第二次世界大战（简称二战）后，ASA制定了一套有助于加快战时军工标准制定和批准的程序，并组织了1 300名工程师在战时特别委员会工作，为质量控制、安全、摄影器材、军用和民用无线电设备组件、紧固件等产品制定美国战时标准。二战的爆发使ISA不得不停止其工作。二战结束后，全球生产与贸易的恢复使其对国际标准的需求重新提上日程。1946年，ASA与中、英、法等25个国家的国家标准化机构共同成立了ISO，旨在推动国际标准的发展和促进工业标准的国际统一。

20世纪五六十年代，ASA主要关注科技领域的标准化工作，包括核能、信息技术、材料处理和电子产品，并进一步加快国际化进程，例如举办了第二届ISO大会和IEC成立50周年庆典活动。它最重要的成就之一是，在1963年提出了现代计算机编程技术的基石——ASCII代码（美国信息交换标准代码）。ASCII代码后又拓展到ANSI编码，成为今天计算机操作系统的通用语言，奠定了美国在第三次工业革命，即信息技术革命中的先发优势。

1966年，ASA改组为美国标准学会（United States of America Standards Institute，USASI），并于1969年正式更名为美国国家标准学会（American National Standard Institute，ANSI）并沿用至今。

2005年，ANSI与NIST签署谅解备忘录，进一步明确其作为民间标准化协调者和国际标准化美国官方代表的职能定位。

---

① 国际标准化组织（International Organization for Standardization，ISO）的前身。

三、政府与民间的融合

20世纪以来的100多年里，美国政府和民间两大标准化系统自诞生之初，就在其各自的领域发力，形成了一种各有关注重点、各有分工的局面。NIST及其前身NBS关注于政府层面的科研与标准。如二战时期，NBS为盟军提供了多项军事科技成果；20世纪60年代，与美国国防部合作制定的美国军用标准MIL-STD-810《环境工程注意事项和实验室测试》，适用于测试设备防震、防水、耐摔、防尘、耐腐蚀等性能，至今仍被全球各国军警设备厂商和消费电子设备厂商所广泛采用。AESC则致力于民间和贸易层面标准化的技术协调工作。

自20世纪70年代起，政府与民间标准组织之间的合作开始逐步加强。ANSI先后和美国职业安全与健康管理局（Occupational Safety and Health Administration，OSHA）、美国消费品安全委员会（Consumer Product Safety Commission，CPSC）等联邦机构开展合作。1982年，美国白宫管理和预算办公室（OMB）发布了《联邦参与自愿共识标准的制定和使用以及合格评定活动》（OMB A-119）[1]，提出联邦机构使用民间标准的政策。进入90年代，美国民间对推动政府部门和企业界携手制定一系列用于企业日常经营活动的基础性规则的呼声日益高涨。ANSI在此时期开始向美国国会介绍民间标准组织，并宣传采用自愿共识标准[2]的优势。1993年，时任美国国防部部长的威廉·佩里（William J. Perry）鼓励国防部采用民间自愿共识标准以取代国防部的军用规格和标准。

---

[1] 田武. 美国国防部积极实施OMB公告A-119[J]. 中国标准化，1999（9）：38.
[2] 本书中出现的"自愿性标准""民间标准""民间共识标准""自愿共识标准"系采用美国相关法律、政策或声明中的原文翻译，其内涵相同，都是指由民间标准组织根据相关程序制定的自愿性标准。

政府和民间的共同诉求引起了美国国家科学技术委员会（National Science and Technology Council，NSTC）的关注。该委员会的科技政策专家詹姆斯·特纳（James Turner）开始考察在美国政府部门采用自愿性标准的成功案例。同时，特纳与国会议员鲍勃·沃克（Bob Walker）、乔治·布朗（George Brown）以及时任美国驻经济合作与发展组织（Organization for Economic Co-operation and Development，OECD）大使康妮·莫莱拉（Connie Morella）合作，共同推动有关民间标准的立法工作。1996年3月，时任美国总统比尔·克林顿（William J. Clinton）签署通过了《1995年国家技术转让和促进法》（*National Technology Transfer and Advancement Act of 1995*，公法104-113，NTTAA）。莫莱拉正是NTTAA的主要发起人，特纳是主要起草者之一。NTTAA不仅对当时的OMB A-119赋予了法律地位，并且该法的发布也正值互联网兴起之时，推动了标准制定组织引入互联网技术，从而大大缩短了标准制修订周期。1998年，OMB发布了OMB A-119的修订版，作为NTTAA的配套实施文件并沿用至今。在一定程度上，NTTAA和OMB A-119的发布标志着以自愿共识标准为技术核心的美国国家标准体系的正式成型。

NTTAA和OMB A-119奠定了美国国家标准化体系运行的一项重要规则：所有联邦机构和部门应将自愿共识标准组织制定的技术标准，作为实现本部门政策目标和开展行政管理工作的工具手段。时至今日，尽管美国政府在标准化活动中的介入日益活跃，但这一重要规则依然没有改变。

根据NTTAA，美国国家标准与技术研究院（NIST）负责协调联邦、州和地方政府的标准和合格评定活动。为此，NIST成立了机构间标准政策委员会（Interagency Committee on Standards Policy，ICSP），旨在促进联邦机构之间标准化政策的有效性和一致性，推动政府、行业与民间标准组织开展合作。ICSP 组织架构包括委员会主席、副主席和秘书处，必要时可以临时成立工作组，推动某项特定的标准化工作。根据 OMB A-119，ICSP 负责审议各联邦机构的意见，为美国商务部部长和各联邦机构负责人实施 OMB A-119 提供建议，并召集联邦机构官员，推动政府部门间的标准化活动。

进入 21 世纪，自愿共识标准在政府和民间的地位进一步提高。2000 年，ANSI 发布了首版《国家标准战略》(NSS)，强调"美国致力于在国内和全球范围推广和实施自愿共识标准化工作"的基本立场。2005 年，ANSI 和 NIST 签订备忘录，明确民间和政府两大标准协调机构的分工和职责范围，其特点就是依赖美国民间标准组织的技术能力和全球影响力，政府职责重在协调。根据这一备忘录：NIST 代表美国政府，负责协调联邦机构参与民间标准化活动，为其提供信息、培训和专业知识；对美国民间的合格评定机构进行认可，确保这些合格评定机构符合国家自愿合格评定系统评估计划（National Voluntary Conformity Assessment System Evaluation Program）。ANSI 代表民间，承担协调利益相关方共同开展标准化活动的职责，与民间标准组织、业界、消费者以及联邦机构进行协商，共同实施美国标准战略。在国内层面，促进美国行业内部合作以及跨界合作，推动民间标准组织和联邦机构之间合作，认可民间标准组织和批准美国国家标准；在国际层面，代表美国参加国际和区域标准化活动，协调美国利益相关方代表参与 ISO 和 IEC 政策和技术层面的各项工作，确保各方在各类国际和区域标准组织中立场一致。

2013 年，时任 ANSI 标准流程和管理部（Procedures & Standards Administration，PSA）主管安妮·卡尔达斯在其演讲《究竟何为美国标准？我将如何参与美国标准的制定？》(*What is an American National Standard*(*ANS*)*anyway? And how can I participate in the ANS development process?* ）中将美国的这一标准化运作机制称为"使用者驱动"。她指出，美国政府和企业所使用的标准均来自民间标准组织，而不是由政府部门设有专门的机构制定标准或者通过法律授权某个机构来主导全国的标准化工作。这套标准体系具有三个特点：强调私营部门的标准解决方案；依靠私营部门标准的符合性验证作为政府监管的依据；为标准使用者和利益相关方提供有力支持和更大的授权。

美国政府和民间两大标准化系统的发展历程如图1-1所示。

第二节 美国政府的多重身份

一、民间标准的使用者

早在《1995年国家技术转让和促进法》（NTTAA）发布之前，美国的一些政府部门就意识到民间标准对于提升行政效率、降低政府采购成本的益处。在20世纪60年代，美国国防部就积极推动采用民间标准代替美国军用标准。NTTAA正式签署通过时，国防部已经采用7 400项民间标准。国防部声称，在1996—2006年，通过以民间标准代替美国军用标准的改革措施，将履行合同需要符合的标准数量由改革之前的上千项，精简至只需符合几项标准即可。此举大幅节约了采购经费，有效降低了生产成本，其中通过采用ISO 9001质量管理体系标准以及民间标准组织制定的计量校准和焊接标准，共计为300余家供应商节约了近1.2亿美元。到NTTAA实施的第10个年头，国防部采用民间标准的数量已经达到9 500余项。

NTTAA和OMB A-119进一步明确规定了美国政府采用民间标准的基本规则。NTTAA第12章"标准符合性"规定了所有联邦机构和部门应使用自愿共识标准组织制定的技术标准来代替政府自有标准，用这些自愿共识标准作为实现其政策目标和开展行政管理工作的工具

第一章 庞大的标准王国：独特的美国标准化体系

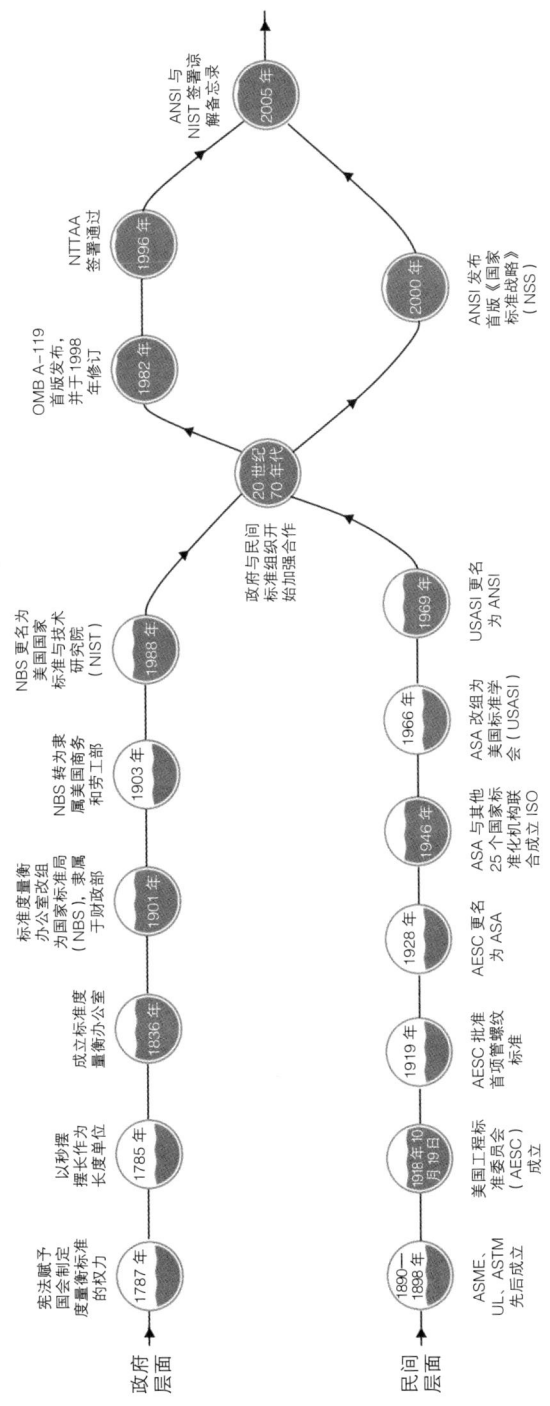

图 1-1 美国政府和民间两大标准化系统的发展历程图

手段，如作为政府采购和行政监管的依据，除非不符合法律或不切实际（inconsistent with applicable law or otherwise impractical）①。在这种情况下，联邦机构必须通过 NIST 向 OMB 提交一份报告，解释说明本部门采用政府自有标准而不采用民间标准的理由②。

在这一规则指导下，美国各联邦政府机构自行制定的政府标准日益稀少。据不完全统计，目前仅有 11 个联邦机构维持了不到 90 项政府自有标准，其中自有标准数量较大的是美国环境保护署和劳工部。相比之下，各个联邦机构使用的民间标准数量则已超过 7 000 项。

对于政府采用民间标准方式规定了两种：一是将全部或部分的民间标准作为政府采购的依据，二是将全部或部分的民间标准引入各项管理规定。《在联邦法规中引用文献的指导手册》（Incorporation by Reference Handbook）对此做出了进一步的指导，包括将标准引入联邦法规要考虑的因素、符合引入联邦法规的技术材料的类型、批准标准引入联邦法规的程序、引入联邦法规的格式和用语、从联邦法规中删除引用内容的流程等。

此外，NIST 还研发了"民间共识标准选择的分析模型"（Analysis Model for Selection of Private Sector Consensus Standards），从适用性、可获得性、完整性、稳定性等多个维度，提出了民间标准被政府部门采用的可行性评估方法，见表 1-1。

---

① 不符合法律或不切实际的情况是指：使用该民间标准将不能满足联邦机构的计划需要，包括不可行、不充分、无效、低效、与联邦机构的目标不一致，以及增加联邦机构的负担或者使用其他标准的效用更大。
② 例如 2019 年 CPSC 曾经使用了两项政府标准 16 CFR 1500.17（a）（13）和 16 CFR Parts 1213，1500-1513 替代自愿性标准，其中，16 CFR 1500.17（a）（13）《含铅的金属芯烛台和带有这种灯芯的蜡烛》，CPSC 认为之前引用的自愿性标准在技术上已经不具有合理性，无法充分消除产品风险，故改为采用政府标准。

表 1-1　民间共识标准选择的分析模型

指　　标	评　价　要　素
标准的适用性	该标准的使用者和使用领域是否明确？ 该标准如何融入美国企业的架构？ 对于其他可替代使用的标准，开展了哪些调查工作？
标准的可获得性	该标准是否已发布并公开提供？ 标准是免费的还是必须购买？ 使用该标准是否有任何许可要求？
标准的完整性	标准在多大程度上覆盖并规定了所涉功能或业务的关键特性？
标准的可执行性	该标准在商业市场上是否得到强有力的支持？ 该标准支持哪些商业产品？ 市场上是否有来自不同供应商的产品执行此标准？ 如果标准是专有的，那么是否有许多产品可以从不同的供应商那里获得？ 有无任何现有的或计划中的机制来评估是否符合标准？
标准的互操作性	该标准如何使用户能够通过 Web 服务获得设施和服务？ 评估不同供应商互操作性的现有或计划的机制是什么？如何实施？
标准的成熟度	该标准在技术上有多成熟？ 该标准的底层技术是否被充分理解？ 该标准是否基于尚未明确定义的技术，并且可能相对较新？
标准的来源	哪个标准机构制定并维护该标准？ 该标准是法律上的还是事实上的国家标准或国际标准？ 是否有修订本标准的公开程序？
标准的稳定性	该标准实施了多久？ 该标准是否稳定，例如其技术内容是否成熟？ 该标准是否正在进行重大修订？（这将影响与已批准标准的向后兼容性） 下一个版本的预计完成日期是什么时候？
标准的法律问题	是否有针对该标准的专利声明？ 是否有任何会妨碍美国政府发布该标准的知识产权声明？

根据 NIST 的法规引用标准（Standards Incorporated by Reference，SIBR）数据库的不完全统计[①]，截至 2024 年 5 月，在美国联邦法规法典（Code of Federal Register，CFR）中，共有 27 353 处法律条款引用

---

① 该数据库不包含美国联邦航空管理局和美国环境保护署采用的部分标准。

了 458 个各类机构制定的 7 013 条标准，其中半数以上为民间标准组织制定的标准。

二、民间标准化活动的参与者

如前文所述，20 世纪 70 年代起，联邦机构就开始与民间标准组织开展合作。1976 年，ANSI 和美国职业安全与健康管理局（OSHA）成立了一个联合协调委员会，分别代表私营和公共部门共同负责制定有关工作场所安全和健康的自愿性标准。这一成功经验推动了美国消费品安全委员会（Consumer Product Safety Commission，CPSC）在 1982 年与 ANSI 联合组建了类似的联合协调委员会，专注于消费品安全标准化工作。在 NTTAA 颁布之后，CPSC 进一步加强了参与力度，通过征询消费者、企业界以及政府部门等各方意见，特别是基于电子伤害监测系统（National Electronic Injury Surveillance System，NEISS）数据，即因缺陷消费品造成伤害事故的门诊电子记录，来决定参与民间标准制定的优先级。1991—2006 年，CPSC 与民间标准组织联合制定了 300 多个自愿共识标准而仅颁布了 35 项强制性技术法规。CPSC 称，通过参与民间标准制修订工作，在 10 年间将触电身亡事故数量降低了 50%、将婴幼儿学步车受伤事故降低了 90%。类似成功的例子还包括燃气热水器、百叶窗等日用消费品的安全标准[①]。

考虑到联邦机构参与民间标准组织很可能被视为一种信号，即对特定组织或特定标准的政府背书。因此，为了规范政府参与民间标准化组织的行为方式，确保民间标准组织不受政府影响，保持其独立性

---

① American National Standards Institute (ANSI). ANSI REPORTER special feature National Technology Transfer and Advancement Act of 1995 (NTTAA) special feature 1996–2006 TENTH ANNIVERSARY CELEBRATION[EB/OL]. (2006–03) [2025–01–15]. https://share.ansi.org/shared%20documents/News%20and%20Publications/ANSI%20Reporter%20 (public)/ANSI%20Reporter%20Special%20Feature%20-%20NTTAA.pdf.

和中立性，OMB A-119 提出了联邦机构参与民间标准组织活动的有限参与原则[①]，从而避免因联邦机构的参与造成标准化各利益相关方失衡。该原则主要包括以下几点。

一是阐明和限定政府参与的立场，即联邦机构雇员获得本部门授权方可参与民间标准组织；联邦机构的参与并不意味着政府部门为该标准组织的决策背书；参与某项特定标准化活动应保持在实质性参与的最低程度。

二是限定政府官员参与的程度，即联邦机构雇员不得参与民间标准组织的内部行政管理工作，如人员聘任、薪资政策等；必须遵守该组织的自愿共识标准程序，不能凌驾于其他利益相关方之上。

三是明确不得以提供政府支持作为前提条件对标准化工作的结果施加影响。

四是政府的支持仅限于该联邦机构职权责和预算范围内。

五是支持的形式包括：财政资助（如赠款、会员资格和合同）、行政支持（包括承担差旅费、主办会议和文书工作）、技术支持（如标准评估合作测试、联邦机构雇员参与）、与民间标准机构共同规划标准化工作以及联邦机构雇员加入该组织。

虽然 OMB A-119 提出了政府及其官员参与民间标准化活动的基本原则和要求，但对于参与何种民间标准化活动依然没有明确的指导。特别是随着标准在贸易和科技政策中的重要性逐步被美国政府重视，使得白宫和联邦机构开展了共同行动。

2011年2月，白宫科技政策办公室（Office of Science and Technology Policy，OSTP）、白宫预算管理办公室、美国贸易代表三方共同签署了

---

① 联邦机构参与民间标准组织活动的基本原则："联邦机构必须向美国国内或国外的民间标准组织（包括 ISO、IEC 等国际性标准组织）咨询意见。如果符合公众利益，且与本部门的使命、权限、优先事项和预算资源相一致，则联邦机构必须参与自愿共识标准的制定工作。"

《行政部门和机构负责人关于联邦机构参与标准活动以解决国家优先事项的原则备忘录》，提出了联邦政府参与标准化活动以解决国家优先事项的原则。同年10月，美国国家科学技术委员会（NSTC）下设的标准分技术委员会发布《联邦政府参与标准活动以解决国家优先事项》，对联邦机构参与民间标准化活动的相关法律法规、政策以及经验做法进行了归纳总结，并提出了政府参与民间标准化活动的重点领域和具体参与策略。

该策略首先对NTTAA中联邦政府参与标准化活动的角色定位做出了更加全面的解释，甚至是扩充。政府的角色不仅仅是标准的使用者和标准制定的参与者，还包括促进者、倡导者、技术顾问/领导者、召集人和资助人等多重身份。

其次，提出了"基于国家战略优先级的选择性参与"，重点是针对事关国家优先事项的特定领域，如网络安全、医疗信息化、智能电网和公共安全通信等，要求美国联邦政府应处于领导或协调地位，与民间标准制定机构共同开展工作，具体参与则通过NIST的活动来实现。NIST对于联邦机构是否参与标准化活动，给出了如下决策参考依据：① 以标准来解决法律或行政政策中的国家优先事项；② 为监管、采购和政策目标实现经济高效、及时有效的解决方案；③ 促进有助于创新和促进竞争的标准和标准化体系；④ 增强美国竞争力；⑤ 促进国际贸易，避免对贸易造成不必要的障碍。

三、美国标准的领导者

从传统上看，美国无论对于研发创新还是标准研制，其政府对自身的定位是一以贯之的双重角色，或是资助和参与，或是购买和使用。从参与二战时起，美国政府对于基础科学的公共研发投入不断加强，但对于标准等技术应用的投入，则几乎都是交由民间力量实现。然而，随着近年来新兴技术领域更新迭代的速度加快，不受掌控的民间投入弊端逐步显现。美国近年来的研究认为，私营部门的研发具有一定的局限性，如研究成果的专属性质、缺乏对前瞻性的投入等。标准化研究需要的大量协调协作，并不一定能够获得所有企业和投资者的投入。面对着"先行意味着设定标准"这一新形势，美国认为其有两条重要经验：一是政府能够承担私营企业不能完成的任务；二是政府项目能够创新技术，促进增长①。

所以，从 NTTAA 发布以来近 30 年的实践经验来看，联邦机构参与民间标准化活动的方式正在悄然变化。如果说 2011 年《联邦政府参与标准活动以解决国家优先事项》所提出的"领导者、促进者、倡导者"等新角色是起点，那么近些年来面对愈加激烈的国际竞争形势时，美国政府在新兴技术等"国家优先事项"领域的标准活动中"亲自下场"已经成为趋势。从 2017 年 12 月发布的《美国国家安全战略》报告中提出"美国将优先发展对经济增长和安全至关重要的新兴技术"开始，美国针对标准化的机构设置、经费支持、政府参与、人才培养等，连续发布了数十份法律、战略、行政令和报告等。

典型的如 2019 年 8 月 NIST 发布的《美国在人工智能领域的领导地位：联邦政府参与开发技术标准和相关工具的计划》，提出了建立政府主导的人工智能标准化路线图，其中提出联邦政府将通过召集或管理标准制定工作组，担任标准项目技术领导职务或工作组之间的联络人，主导标准的制定，也可以通过在民间标准组织担任董事会成员或其他行政职务来行使领导力②。这一模式在一定程度上改变了 OMB

---

① 乔纳森·格鲁伯，西蒙·约翰逊. 美国创新简史科技如何助推经济增长［M］. 穆凤良，译. 北京：中信出版集团，2021：199.
② National Institute of Standards and Technology (NIST). U.S. LEADERSHIP IN AI: A Plan for Federal Engagement in Developing Technical Standards and Related Tools[EB/OL]. (2019－08－08) [2025－01－15]. https://www.nist.gov/system/files/documents/2019/08/10/ai_standards_fedengagement_plan_9aug2019.pdf.

A-119规定的联邦机构参与民间标准组织的有限行为方式。

2022年的《芯片和科学法》则是首次以立法形式规定将NIST作为国际标准制定召集人和联邦协调员的角色，提出了重点支持的标准领域，包括生物工程、人工智能、量子科学等前沿科技，加大标准化的研发投入。以NIST为平台引领前沿技术的标准化活动体现了美国政府从幕后到台前的角色转变。事实上，在人工智能、量子科学等新兴技术领域，NIST早已牵头成立了相关的研发组织，开展了一系列的标准化相关活动。2023年5月，美国政府首次发布最高级别的标准化国家战略——《美国政府关键和新兴技术国家标准战略》（*United States Government's National Standards Strategy for Critical and Emerging Technology*），进一步提出了将重点资助关键和新兴技术领域标准制定，加强美国在国际标准管理和领导方面的代表性和影响力。

总体而言，"参与力度持续加强，资助力度持续加码"的发展趋势，使得美国政府在其关注的重点领域，正在由"使用者"和"参与者"向"领导者"悄然转变。美国"使用者驱动标准化活动"基本框架虽然没有改变，但是由于使用者的立场变化，使得美国政府的作用正在向"为新兴技术领域创建战略框架和标准发展路线图"这一带有深刻政府引导内涵的工作机制转变。

而这种变化，在美国民间标准组织中引起了一定的困扰。2024年7月，美国信息技术与创新基金会（ITIF）曾撰文就美国政府主导了ISO/IEC量子技术标准联合技术委员会JTC 3的美国代表一事发文表示质疑。ITIF指出，拜登政府绕过美国国家标准学会（ANSI）直接与澳大利亚、韩国、英国等国家接触，支持成立了JTC 3。这一行为是政府有意直接干预技术标准研制，与美国的政策背道而驰。ITIF认为，通常联邦政府机构只有在没有私营部门实体参与的情况下才会代表美国参与国际标准组织，但拜登政府直接指定NIST作为美国代表，是将具有政治动机的政府官员替代了技术专家代表美国在国际标准机构中进行谈判,表明美国国家安全官员、NIST和私营部门之间的信任和协调出现了裂痕。这种做法不仅降低美国在ISO/IEC中的参与度,更削弱美国在国际标准方面的领导地位,会导致美国对新兴技术标准的立场混乱和矛盾,加剧人们对政府更多地参与标准制定的担忧[①]。

第三节 民间标准组织和民间标准

一、庞大的民间标准组织网络

早在19世纪下半叶,美国就已出现具有浓厚行会色彩的标准组织。美国脱胎于英国北美殖民地,继承了英国的商业文明基因。南北战争之后,美国的工商业得到了飞速发展,产生了一批通过技术委员会制度来解决采购商与供货商意见分歧的行业自律组织,如美国机械工程师协会(ASME)、美国保险商实验室(UL)等。标准成为这些组织规范行业发展的重要技术手段。美国的民间标准制定组织(Standards Developing Organizations,SDO)一般以协会、学会等社团形式运营[②]。采用社团形式最大的优势是政府在税收上给予的优惠政策。这些社团组织名称中往往冠以"协会、学会、联合会、基金会"等,本质上是以企业化模式运营的非营利组织。这里要注意的是,非营利组织并非没有经营活动,而是指业务收入的用途必须投向非营利领域。根据《美国税法》的规定,非营利组织主要是指不为其所有者赚取利润,且

---

① Information Technology and Innovation Foundation (ITIF). The Biden Administration Overreacts Responding to China's Role in Setting Standards for Quantum Technologies[EB/OL]. (2024-07-29) [2025-01-15]. https://itif.org/publications/2024/07/29/the-biden-administration-overreacts-in-responding-to-china-s-role-in-setting-standards-for-quantum-technologies/.

② 美国没有社团组织登记相关的法规法律,而《美国国内收入法》《美国税法》对于社团有明确的定义:"社团是指为特定目的而联合起来的人群。社团必须有书面文件(如社团章程)表明其成立。文件必须至少有两人签名,并注明日期。"

所赚取或获得捐赠的所有资金都用于实现该组织的目标（目标仅限于慈善、科学、宗教或公共安全）并保持其运行；收入不分配给集团的成员、董事或高级职员。

这些标准组织经过 100 多年的发展成为世界知名的标准"百年老店"，它们及其制定的标准成为美国庞大标准王国的基石。根据美国国家标准学会（ANSI）2022—2023 年年报统计，这个民间标准网络经过 100 多年的发展和壮大，已经囊括了美国国内外各类组织 1 432 家，包括 922 家 ANSI 会员企业、331 家法人机构、86 个政府部门、59 家国际机构、34 家教育机构，网络的外沿范围覆盖 27 万余家企业和 3 000 多万名技术人员。而其成功的共同点除了其本身源于工商业的发展，具有极高的社会性和技术性外，还在于三个重要方面：专业性的管理、国际性的运作和多元化的运维。

（一）专业性的管理

通过长期的发展，这些组织都已经具备了适应本行业、本专业标准化发展所需要的组织架构。对于标准化的全过程实施专业管理，通过内设的标准管理部门、标准制定部门、研究部门等，在标准化工作中各司其职，形成合力。以电气电子工程师学会（IEEE）为例，在其 IEEE 标准局（IEEE SA）下还设有专利委员会、程序委员会、审核委员会等，分别对 IEEE 标准涉及专利的处置、标准制定的程序符合性、标准制定与 IEEE 相关章程和规范的符合性等方面进行管理。

（二）国际性的运作

国际性的运作包含了多层含义和举措。

一是其战略目标面向全球，如美国材料与试验协会（ASTM）的战略目标包括"拓宽 ASTM 产品和服务的国际化运用""成为全球智库"；国际自动机工程师学会（SAE）战略使命包括"造福全人类"；ASME 的战略使命包括"服务多样化、全球化群体"。也是在这一全球化战略发展导向的指引下,这些美国的民间标准组织纷纷将其将组织名称融入了国际化元素,即在原组织名称后增加"国际",如 ASTM International、SAE International[①]。

二是其会员制度的国际化。美国民间标准组织的会员不仅仅对国内开放,如 ASTM 章程明确规定"ASTM 不得拒绝任何合格的企业或个人加入 ASTM 或 ASTM 委员会。任何人不得被无理由地拒于 ASTM 活动之外",更加典型的是面向全球进行会员招募。这使得这些组织不仅能够得到国外的专业输入,还能使其标准得到国外的专业认同。

三是全球化布局。正是基于其国际化的会员制,使得美国民间标准组织不断扩大其在全球的存在。而这种全球存在除了传统意义上的合作机制,如交流培训、合作协议之外,更具有实际意义的是在全球设立分支机构或收购当地机构,形成了其遍布全球的实体网络。IEEE、SAE 等主要的美国民间标准组织,都已经建立起了庞大的全球标准化网络,如 IEEE 设立的十大全球地理区域实施全球运行、SAE 通过 191 个全球分部进行国际合作。

(三)多元化的运维

多元化的运维美国民间标准组织得以良性发展的重要基础。这些组织并不是单纯的标准制定组织,除制修订标准外,还通过提供高质量的标准衍生产品和增值服务,构建起以标准为核心的多元化业务矩阵,包括标准研制与延伸服务、出版、测试、检测、认证、市场准入服务等,从而形成标准研发与服务拓展的良性互动。这种良性互动也使其不必依赖于会员费和各类组织的捐款,具备了成熟的商业模式和完善的自我造血机制。

---

① 为使读者易于阅读,本书中对于 ASTM International、SAE International 等更名后的组织,依然采用原先的 ASTM、SAE 等名称。

这种模式可以进一步分为两类：一类是以标准以及相关运营业务作为主要收入来源，其典型代表是百年老店ASTM。ASTM以标准出版作为主业。根据ASTM在2023年的年度报告，该年度业务总收入为1.14亿美元，其中7 698万美元为标准出版收入，占比达到67.6%。

另一类是以标准以及其他增值服务的混业经营模式，其代表是IEEE、UL等。IEEE的2022年年报显示，其5.42亿美元总收入中，期刊出版收入达到2.4亿美元，占比为44.3%，居各类业务收入的首位；其次为会务收入1.9亿美元，占比为35.1%；标准化业务收入仅位列第三，占比为8.7%。

UL则是以基于其标准的认证业务作为主要营收来源，服务涵盖20个行业领域，每年有220亿个UL认证标志出现在各类产品上。近年来，UL进一步对其运营架构进行大规模改革，形成了三个独立品牌（业务板块）：UL研究院（UL Research Institutes），负责对安全风险的独立研究，通过科学研究促进公共安全，评估在自主系统和人工智能等新兴技术领域的安全风险；UL标准事业部（UL Standards & Engagement），主要依据科研数据制定各类安全标准；UL解决方案公司（UL Solutions Inc.），提供测试、检验和认证服务、软件产品和咨询服务，并且已经成为纽约证券交易所上市公司。

二、自愿共识标准

如安妮·卡尔达斯所说，"使用者驱动标准化活动"是美国促进标准化发展的一项重要规则。换言之，就是以标准使用者的需求作为标准制修订工作的导向。标准使用者可以分为几类，包括政府、企业、消费者、公益组织等，他们的需求侧重点各不相同，如政府部门关注政策目标，企业关注经济效益，消费者关注质量安全，公益组织关注可持续发展议题。需求和立场不同，必然会产生利益冲突和观点对立。

因此，标准化的过程必然要实现各利益相关方协商一致，达成"共识"（consensus）。"共识"是包括美国在内的全球绝大多数国家和ISO、IEC等国际标准组织所公认的标准的基本原则之一。

"共识"的定义在不同国家中存在着细微差异，如在WTO争端解决机制还能有效运行时期，欧盟、智利和WTO上诉机构曾经对"共识是否意味着所有相关方一致同意"存在着争议。在美国，OMB A-119对"共识"的定义为：共识是指普遍同意，但并非一致同意，应当建立试图解决有关各方反对意见的程序，确保所有意见都得到平等考虑，每个反对者都被告知其反对意见的处理情况和理由，共识标准组织的成员在审查意见后有机会改变投票。从这一定义可以看出，美国对于"程序正义"的高度关注，ANSI在其制定的《美国国家标准正当程序性要求》（*ANSI Essential Requirements: Due process requirements for American National Standards*）中，从九个方面对这一"共识"程序原则做出了进一步的详细阐述（图1-2）。

（1）公开：标准制定活动应向所有直接和实质上受相关活动影响的人开放。

（2）防止一方主导：标准制定过程不能使任意一方占据主导地位，包括利用其优势地位、权威性、领导力或影响力，排斥对其他观点的平等考量。

（3）平衡：标准制定过程要吸纳代表不同利益的相关方，从而达到利益平衡。

（4）协调统一：防止和解决现行标准与在研标准之间的潜在冲突。

（5）及时告知：标准制修订应刊登在有效的媒体上。

（6）充分考虑各方观点和异议。

（7）协商一致投票。

（8）建立上诉机制：用于处理与任何行动或行动相关的程序上诉。

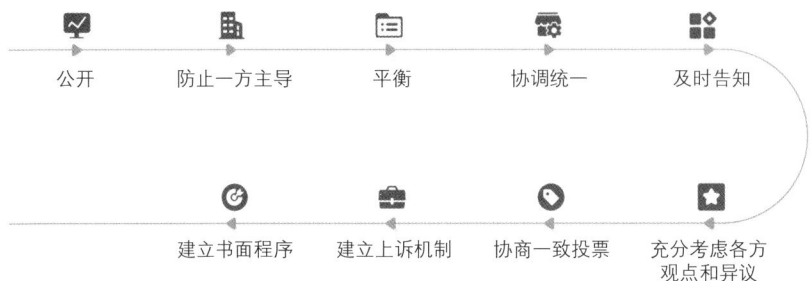

图 1-2　自愿共识的程序原则

（9）建立书面程序。

根据上述原则和程序制定的标准被统称为自愿共识标准（Voluntary Consensus Standard，VCS）。因此，美国的各类标准之间没有明确的层级关系，而是以是否符合共识原则作为主要分类依据。根据 ANSI 的分类依据，有共识类标准和非共识类标准两个类别。

（一）共识类标准

共识类标准可以依据一定的程序被 ANSI 批准为美国国家标准（ANS）。与其他大多数国家不同，美国国家标准并不在层级或者效力上对其他民间自愿共识标准占据优势地位，更多的是一种象征意义，表明被批准为 ANS 的标准及其制定机构遵循了公开性、平衡性和共识性等正当程序要求，符合 NTTAA 和 OMB A-119 对自愿共识标准的定义以及 WTO 技术性贸易壁垒（TBT）协定的良好实践规范。但是这种象征意义也意味着 ANS 被 ANSI 证明其得到更大范围的认可和重视，将更适合和易于在美国全国乃至全球范围的推广。

ANSI 将民间标准组织制定的共识类标准批准为 ANS，规定了两个条件：一是制定该标准的组织符合 NTTAA 规定的自愿共识标准组织，获得 ANSI 认可；二是该标准本身符合自愿共识标准的定义，并获得 ANSI 程序的批准。

首先，民间标准组织及其相关的标准制定领域必须获得美国国家标准学会（ANSI）认可，成为 ANSI 认可的标准制定组织（Accredited Standards Developers，ASD）。以协会、学会、技术机构等法人实体注册的标准组织，在符合美国国家标准正当程序性要求的基础上，可向 ANSI 提出认可申请。ANSI 执行标准委员会（Executive Standards Council，ExSC）负责具体认可工作。ANSI 以每 5 年一个周期对通过认可的组织进行复审，未能通过复审的组织将被 ExSC 撤销其获得的认可资格，并且撤销该组织发起的美国国家标准的批准。需要注意的是，ANSI 对 ASD 的认可限于后者所申请的标准制定范围，而不是该组织的所有标准制定领域。截至 2023 年，经 ANSI 认可的 ASD 超过 300 家。

其次，ANSI 设立了标准审查委员会（Board of Standards Review，BSR）负责实施美国国家标准的批准、废止、修订或确认。BSR 审查的主要内容包括拟申请为 ANS 的标准是否属于该 ASD 注册的标准活动范围、标准在制定中遵循了相关程序、不存在或解决了与现行标准的冲突、符合 ANSI 的知识产权等相关政策，以及对于异议和申诉的处理情况等众多方面。

最后，在 ANSI 的 ANS 批准程序中，有一个特定授权团体，即获得 ExSC 授权的标准审核指定组织（Audited Designators）。这些组织可以通过简易程序制定美国国家标准，不需通过 BSR 审查与批准，只需要向 ANSI 提交相关材料即可。成为标准审核指定组织的条件包括：① 不少于 5 年的自愿性标准制定经验；② 在此期间，已根据一般程序批准了该组织标准成为美国国家标准的数量不少于 10 个或 100 页；③ 5 年内没有标准由于违反原则和程序的原因而未被 ANSI 批准为国家标准。

目前，ANSI 授权的标准审核指定组织共有 6 家，分别为：美国供暖制冷与空调工程师学会（American Society of Heating, Refrigerating and Air-Conditioning Engineers，ASHRAE）、美国材料与试验协会（ASTM）、

美国国际管道暖通器械协会（International Association of Plumbing and Mechanical Officials，IAPMO）、美国消防协会（National Fire Protection Association，NFPA）、美国国家卫生基金会（National Sanitation Foundation，NSF）、美国保险商实验室（UL）。截至 2023 年，经 ANSI 批准的现行有效的美国国家标准数量为 14 162 项。

美国也规定了采用国际标准的程序。根据《关于采用 ISO 和 IEC 标准作为美国国家标准的 ANSI 程序》（*ANSI Procedures for the National Adoption of ISO and IEC Standards as American National Standards*），ANSI 认可的标准制定组织应在标准制定过程中考虑 ISO 或 IEC 相关标准，并且在适当情况下，应以 ISO 和 IEC 标准为基础制定标准，或采用其作为美国国家标准。与国际标准的对应关系包括等同（IDT[①]）、修改（MOD[②]）和非等效（NEQ[③]）。

对于与现行有效美国国家标准没有冲突、一致性程度为等同，且美国相关 TAG 已投或将投赞成票的 ISO 或 IEC 标准，可以适用采用国际标准快速程序。

（二）非共识类标准

（1）事实标准（de facto Standard）：由市场认可并广泛使用的标准，并非必须由特定标准组织或者政府部门批准发布。这种事实标准有时候甚至不以技术文件形式呈现，往往是市场约定俗成的一种技术规范，如 QWERTY 键盘标准。

（2）技术联盟标准（Consortia Standards）：由个人、企业、政府机关、教育机构组成的联合体或技术联盟，为了解决特定的技术问题而

---

① IDT 是指国家标准与国际标准在技术内容、结构和措辞上完全相同，或仅有最小的编辑性修改。
② MOD 是指国家标准与国际标准存在技术偏差、对国际标准的内容做出了选用、修改或增加、对结构进行了可对比的修改等。
③ NEQ 是指国家标准与国际标准在技术内容和结构上不相同，且变更未被清楚标识。

达成一致制定的标准。这类技术联盟不是普通意义上的协会，与自愿共识标准组织的最大区别就是入门门槛相对较高，对于会员数量有严格的限制。加入此类技术联盟往往需要数量可观的财政捐款并且签署入会协议，并非对于全体公众开放，如万维网联盟（World Wide Web Consortium，W3C）。

（3）其他用于监管的技术规范和标准（Regulatory Specifications or Standards）：主要是指政府特有标准（Government-unique standard）。政府特有标准是指联邦机构为了满足监管、采购以及其他领域的行政管理需要而专门制定的标准。除非政府明文规定，此类标准一般不用于私营领域，且此类标准的制定不必遵循自愿共识标准的制定程序。

三、来自消费者的输入

2022年6月，美国消费品安全委员会（CPSC）前委员R.大卫·皮特尔（R. David Pittle，Ph.D.）博士接受采访时提到，"ANSI的基本要求和相关的指导文件承认消费者作为关键利益相关者所扮演的角色，并在共识委员会中保持平衡的关键作用"[1]。在"标准使用者驱动"这一语境中，除了政府、标准组织和企业之外，还有个重要的相关方，或者说使用者——消费者。美国认为，在标准化工作中，消费者的真实体验至关重要，其分享的第一手使用体验和认知，能够为标准化工作提供不可或缺的参考资源；通过参与标准化过程，也能更大范围地普及标准化意识与知识。因此，美国一直高度重视消费者参与标准化活动，期待消费者能够坚守自身立场，而非盲目迎合他人意见，从而使美国标准体系更加

---

[1] American National Standards Institute (ANSI). The Importance of Consumer Voices in Standards Setting: Q&A with R. David Pittle[EB/OL]. (2022−06−14) [2025−01−15]https://www.ansi.org/standards-news/all-news/2022/06/6-14-22-the-importance-of-consumer-voices-in-standards-setting--qanda-with-r-david-pittle.

开放、包容，更好地适应并满足市场的需求①。

为了清晰界定消费者在标准化过程中的角色、地位和作用，ANSI专门规定了"消费者及代表"的定义："为对标准开发活动直接和实质性感兴趣的人"，包括为私人目的购买或使用财产、产品或服务的公众个人，学术机构的消费者研究或相关部门，积极参与消费者保护的消费者权益组织，或是公共利益组织的代表之一②。

基于这一定义，ANSI对于消费者参与的基本立场是：消费者不需要成为技术专家，其对于标准化工作的主要贡献就是作为一名典型的消费者将关于产品真实而独特的体验进行分享。这种体验分享加上消费者自身的技术专长和认识水平，是消费者坐到谈判桌前参与标准制定工作最重要的筹码。从上述观点可以看出，消费者在标准化中主要起到建言作用，以帮助企业持续改进产品和服务的质量安全水平，具体可以概况为以下几个方面：① 就标准提出的可接受风险水平提供反馈意见；② 就产品的标签标识、使用说明和注意事项等文字沟通方面的问题提出建议；③ 为满足老幼病残等特殊人群的需求提出建议；④ 为产品或者服务的正常使用或者不正当使用提供案例。

作为倡导者和协调者，ANSI通过建立消费者权益论坛（Consumer Interest Forum），为消费者参与标准化活动搭建技术平台。这一论坛与企业论坛、标准组织论坛、政府论坛共同构建了ANSI保障标准化活动开放、透明、协商一致的四大基石。2022年3月，美国消费者联盟名誉主席琳达·戈洛德纳（Linda Golodner）在答消费者问的时候指出：

---

① 施琴，谭娜. 美国促进消费者参与标准化活动的路径研究［J］. 质量与标准化，2023（3）：35-37.
② American National Standards Institute (ANSI). Engaging Consumers in the American National Standards Process—An Informational Guide for ANSI-Accredited Standards Developers[EB/OL]. [2025-01-15]. https://share.ansi.org/Shared%20Documents/About%20ANSI/Current_Versions_Proc_Docs_for_Website/Engaging-Consumers-in-the-ANS-Process.pdf.

"ANSI消费者权益论坛是美国消费者参与和影响国家和国际层面标准和标准化政策发展的重要渠道[①]。"

消费者权益论坛成员代表涵盖了政府部门、科研机构、行业协会、消费者保护组织、公益组织、制造商、零售商、分销商等多个利益相关方。为了保障各方利益的均衡，特别规定同一机构仅能推选一名代表参与消费者权益论坛。该论坛的主要作用包括：① 讨论和交流有关消费者利益的关键问题；② 建立消费者权益保护的"预警机制"；③ 处理和解决消费者和消费者组织有关的问题；④ 识别普遍存在的问题，如有必要则通过建立ANSI执行委员会解决这些问题；⑤ 参与国际标准化组织消费者政策委员会（ISO COPOLCO）的事务。

作为民间标准化活动的协调者，ANSI对其认可的民间标准组织也提出了鼓励消费者参与标准化活动的建议举措，包括加强参与意识、提供实质支持、保持参与热情三个方面。

加强参与意识方面的具体举措可以概括为"精准""正确""合作"三个关键词。精准，是指通过网络媒体、社交平台等手段精准定位标准化工作的受众群体。正确，是指以消费者需求为导向传递正确的信息，从"如何（How）""什么（What）"和"为何（Why）"三个口径进行宣传，即标准如何满足消费者需求，消费者参与标准化活动可以获得什么益处，为何要遵循特定的程序参与标准化活动。同时，要求民间标准组织提供详细的参与信息，帮助消费者评估参与的可行性，包括参与的方式、所需的时间、标准对于消费者权益的潜在影响、标准制定的流程、培训和研讨会的具体时间安排等因素。合作，是指加

---

① American National Standards Institute (ANSI). Amplifying Consumer Interests at Home and Abroad: Q&A with Lidna Golodner, ANSI Consumer Interest Forum Chair[EB/OL]. (2022-03-29) [2025-01-15]. https://www.ansi.org/standards-news/all-news/2022/03/3-29-22-amplifying-consumer-interests-at-home-and-abroad.

强民间标准组织与消费者组织和社会公益组织的合作，以提升影响力，扩大受众范围。

提供实质支持方面的举措可以概况为"清单""分享""资助"三个关键词。清单，是指民间标准组织应根据消费者的需求编制年度标准化活动清单，在清单中列明与消费者权益具有较强相关性的标准化活动，并且标注优先级，以帮助消费者选择性参与。分享，是指可以通过视频、在线课程和其他培训项目向消费者分享美国标准化体系的基础知识、标准组织的政策和程序文件以及标准历次修订的内容，以此帮助消费者建立标准化知识体系。资助，是指对有志于参与标准化活动的消费者预先资助旅费和住宿费。2022年5月，ANSI特别设立了消费者参与基金，基金由ASTM、IAPMO、NSF、UL以及美国玩具协会（Toy Association）五个ANSI会员机构共同出资。该基金的主要目的是为那些希望参与标准化活动的消费者提供财务支持，包括交通、食宿等方面的经费补助。任何对特定标准活动感兴趣的消费者，均可向ANSI提出申请，要求参加相关标准组织或技术委员会所召开的会议等活动，并申请获得相应的经费支持[1]。

在保持参与热情方面，ANSI通过调查发现，消费者不愿持续参与标准化工作的主要原因是他们认为消费者在民间标准组织中人微言轻，难以对标准的制修订产生实质性影响。因此，ANSI建议民间标准组织加强沟通，尊重并认真考虑少数派的意见，将少数派提出的评议意见归档，供消费者和其他利益相关方调阅，使各方感受到自己的观点和立场得到重视和尊重，提出的意见和建议也被认真考虑和对待。在民间标准本身的运营管理方面，ANSI建议民间标准组织治理结构应遵循

---

[1] 施琴，谭娜. 美国促进消费者参与标准化活动的路径研究［J］. 质量与标准化，2023（3）：35-37.

"多利益相关方"原则,在标准制定过程中,要确保参与者可以代表不同利益相关方的立场和诉求。同时,加强员工的协商一致意识,鼓励员工在对外联络时加强与消费者的沟通。

第四节 美国标准的国际化

一、国际标准舞台中的美国

作为 ISO 的创始国和 IEC 的重要成员,美国与国际标准组织保持着长期的合作关系,从而使国际标准更密切地反映美国的原则和愿景。2000 年 9 月,美国国家标准与技术研究院(NIST)主任雷蒙德在对国会的证词中指出:"如果没有这种参与,美国的声音就不会被听到,美国的技术职位也不会在 ISO、IEC 和其他国际标准制定组织中得到提升,这可能会将美国出口产品排除在应用这些标准的市场之外。"

美国国家标准学会(ANSI)代表美国参与国际标准化活动,具体实施上由 ANSI 批准美国技术咨询小组(TAG)和 TAG 管理机构组织实施。TAG 管理机构一般为在该标准领域制定美国国家标准的民间组织,由该组织召集各利益相关方组建 TAG 并获得 ANSI 批准后,由 TAG 承担具体工作。TAG 负责美国对 ISO、IEC 技术委员会活动的投票立场和意见,包括对批准、重申、修订和撤销国际标准的投票表决,选派参加国际标准化活动的美国代表,提交新的国际标准制修订项目等。

根据 ANSI 2022—2023 年年报:ISO 方面,美国在 2022—2023 财年参与 ISO 标准化技术活动占比达到 89%,P 成员[①] 数量 171 名,TAG

[①] ISO 和 IEC 中,P 成员也称为积极成员,表明积极参加技术委员会和分技术委员会的工作,履行对技术委员会或分技术委员会内正式提交投票的所有问题、新工作项目提案、征询意见草案或最终国际标准草案进行投票以及对会议作出贡献。相对于 P 成员,还有 O 成员,即观察员,以观察员身份参加工作,接受委员会文件,并有权提出评议意见和参加会议[国家标准化管理委员会《国际标准化教程(第三版)》]。

数量171个，担任标准化技术委员会（Technical Committee，TC）/分技术委员会（Sub-technical Committee，SC）主席①33名，承担标准化技术委员会秘书处②27个，ISO注册专家数量2 316名。IEC方面，美国2022—2023年参与IEC标准化技术活动占比达到74%，拥有P成员数量552名，TAG数量244个，承担标准化技术委员会/分技术委员会主席97名，承担标准化技术委员会秘书处93个，注册IEC专家8 254名。值得关注的是，ANSI承担了ISO和IEC信息技术联合标准化技术委员会（ISO/IECJTC 1）的秘书处，这是迄今为止ISO和IEC最大的联合标准化技术委员会，已经发布了3 400多项信息技术（IT）标准。其中，ISO/IECJTC 1下属的人工智能分技术委员会秘书处由ANSI承担，这也是全球最大的人工智能国际标准化技术机构。

为了指导美国技术专家参与国际标准化活动，ANSI专设了ANSI ISO团队（ANSI ISO Team，ISOT）。团队的定位是成为TAG和美国承担的ISO秘书处之间的桥梁。团队由精通ISO国际标准化规则和ANSI国际化政策的资深专家组成，日常工作包括监测和记录ISO文件、代表美国TAG处理投票、选派代表出席国际会议、提名专家参加ANSI ISO论坛（ANSI ISO Forum，AIF）、ANSI-ISO理事会、参与ISO技术管理局（Technical Management Board，TMB）③、管理ANSI虚拟技术咨询小组（ANSI Virtual Technical Advisory Groups）④，组织培训计划等。

---

① 标准化技术委员会/分技术委员会主席由标准化技术委员会秘书处提名，由技术管理局批准，任期最长为6年，允许延长任期，累计最长为9年。批准任命和延期的准则是相关标准化技术委员会积极成员（P成员）中三分之二投赞成票。主席负责全面管理该技术委员会的工作，其中包括各分技术委员会和工作组的工作。
② 承担标准化技术委员会秘书处的成员应保证对相应的标准化技术委员会和分技术委员会提供技术或行政服务，并有责任确保ISO/IEC导则和技术管理局的决议得以执行。秘书处负责监控、报告并确保积极开展工作，竭尽全力按时做好相关工作［国家标准化管理委员会《国际标准化教程（第三版）》］。
③ 技术管理局（TMB）是ISO技术工作的最高管理和协调机构。
④ ANSI虚拟技术咨询小组（ANSI Virtual Technical Advisory Groups）是ANSI为了鼓励所有感兴趣的美国利益相关者参与技术咨询小组（TAG）的标准化活动，通过电话会议和网络研讨会运营的技术咨询小组。参加ANSI虚拟技术咨询小组会议不需要出差。

团队可以协助 TAG 和秘书处处理各类问题，设有一些收费的培训项目指导和帮助有志于参与 ISO 标准化活动的组织，提供全过程技术指导。为了更加有效指导美国代表参与国际标准化活动，ANSI 编制了类似作业指导书的技术文件——《美国代表团参加 ISO 和 IEC 会议的指南》（*Guide for U.S. Delegates to ISO and IEC meetings*）和《美国参与 ISO 国际标准活动的 ANSI 程序》（*ANSI Procedures for U.S. Participation in the International Standards Activities of ISO*），形成了一套完整的工作流程，指导美国专家参与国际标准化活动。这套工作流程对于代表团的人员构成、具体分工、争议处理、发言措辞、投票策略、外事礼仪等做了全面细致的规定，以确保美国代表团成员协商一致，一致对外。

对于国际标准的投票表决，美国做出了明确的要求，其立场必须考虑以下因素：

（1）是否存在相关的美国标准[①]。

（2）与相关的美国标准的一致性。

（3）是否应当制修订相关的美国标准。

（4）与美国利益的相关性。

（5）美国代表团内部是否达成一致。

（6）对贸易和创新的影响。

其中，投反对票的关键条件包括：

（1）存在相关的美国标准且与该国际标准草案存在差异，美国不接受国际标准草案中的要求；或者美国认为必须保留现行美国标准的相关技术要求。

（2）不存在相关的美国标准，美国代表一致认为该国际标准草案

---

① 相关的美国标准包括与该国际标准草案所涉内容相关的美国国家标准，以及其他已在美国被普遍接受的民间机构标准。

从技术上不可接受；会对国内或国际贸易造成不必要的壁垒、不利于创新或技术进步。

（3）不符合美国国家政策、安全利益或法律法规等其他情况。

此外，美国民间标准组织也与ISO、IEC建立了密切的合作，特别包括共同发布双编号国际标准，即"ISO+标准组织标识"以及"IEC+标准组织标识"。两类双编号标准所依据的协议有所不同，与ISO签署的协议称为《标准制定合作伙伴协议》(*Partner Standards Development Organization*，PSDO协议），与IEC签署的协议称为《双编号协议》(*Dual Logo Agreement*)。以IEEE为例，IEEE与IEC于2002签署了双编号协议，IEEE标准被IEC等同采用，IEEE保留标准版权，标准封面上将出现IEC和IEEE两个组织的标识。2007年，IEEE与IEC就双编号标准协议的修订达成共识，于2008年签署了联合研制双编号标准的协议，约定双编号标准版权分属IEC和IEEE两家。根据协议，双编号标准的制定程序包括成立IEC/IEEE双编号标准项目组、起草标准草案、标准草案投票标准、标准草案报批、批准发布。2008年，IEEE又与ISO签署了PSDO协议，根据协议，双方约定发布ISO/IEEE双编号标准的技术领域，涵盖ISO的1个技术委员会和6个分技术委员会，包括智能交通系统（ISO/TC 204）以及信息技术（ISO/IEC JTC 1）下属5个分技术委员会，分别是信息技术系统间远程通信和信息交换（SC6）、软件和系统工程（SC7）、互联和信息技术（SC25）、自动识别和数据采集技术（SC31），以及学习、教育、培训领域的信息技术（SC36）。又如ASTM和ISO于2011年签署增材制造PSDO协议，ASTM增材制造标准化技术委员会（F42）可以发布增材制造领域的ISO/ASTM标准。

二、民间标准的国际化

美国商务部历年的《国家出口战略》报告多次提出，要"持续提升美国标准化机构的国际认可度和影响力,将 ASTM、UL 等知名标准化机构打造成为 ISO、IEC 那样全球公认的国际标准化组织"。

因此,美国始终强调国际标准的认定依据不应基于标准制定的主体,而应该基于标准制定过程是否按照国际标准的制定原则。换言之,美国认为:国际标准不应局限于 ISO、IEC 等国际标准组织所发布的标准,应基于 2000 年 WTO 技术性贸易措施委员会通过的成员国制定国际标准指南的六大原则[①]。只要标准符合国际标准制定的六项原则,就可以认定为国际标准。

2019 年 6 月 19 日,ANSI 前总裁乔·巴提亚(S. JOE BHATIA)在致美国商务部工业和安全局(BIS)一封公开信中阐明了美国对于国际标准的立场:"判断是否为国际标准,取决于标准本身是如何制定的,而不是取决于标准是在何处制定的。换言之,国际标准的制定必须遵循一些基本原则,包括公开性、公正性、协商一致性、透明度、协调性等原则。因此,判断一个标准是否属于国际标准的依据不是看标准是由哪个组织制定的,而是看该标准能否在全球市场上推广和应用。这种理念被称为'多路径法'(multiple-path approach)。这一理念被 WTO 委员会决议所引用,也被引入了美国政府与其他贸易伙伴的贸易协定谈判。"

在实践中,美国民间标准组织在其发展初期的 20 年间,已经践行了 ANSI 倡导的国际标准"多路径法"理念,并为了加强其全球推广,从品牌打造、参与国际事务和国外市场应用三个角度采取了一系列的措施。

(一)打造国际化品牌标识

这是各类美国民间标准组织的一项重要营销手段。如 ASTM 于

---

① 即透明度原则(Transparency);公开原则(Openness);公平和协商一致原则(Impartiality and Consensus);有效性和相关性原则(Effectiveness and Relevance);协调性原则(Coherence);发展维度原则(Development Dimension)。

2001年将组织名称改为 ASTM 国际（ASTM International），国际自动机工程师学会（Society of Automotive Engineers，SAE）不但在其标识中加上"国际"字样，更是将官方中文名称从"美国汽车工程师学会"改为"国际自动机工程师学会"。改标识的同时，这些组织采用了更为全球化的口号和愿景。如 ASTM 提出了"帮助世界更好运转"（Helping Our World Work Better），IEEE 提出的口号为："致力于全人类的技术进步"（Advancing Technology for Humanity），SAE 提出"传播汽车知识提供解决方案以造福全人类"（Our Mission is to advance mobility knowledge and solutions for the benefit of humanity）。

2014年秋季在 ASTM 启动新品牌标识时，时任 ASTM 主席詹姆斯·托马斯（James A. Thomas）的发言或许可以诠释美国民间标准组织推行国际化的原因："ASTM 为我们的客户所熟悉，采用全新的统一标识，可以向全球所有相关方传达 ASTM 的卓越质量和成员的专业知识。经过全面的审议后，我们推出了真正符合本组织使命愿景和价值观的品牌标识，可以更好地向全世界展现 ASTM 的全新形象。"

（二）参与国际事务

从最初的服务于贸易，美国民间标准组织已经开始将其标准与国际关注热点和趋势深度结合，期望通过参与国际事务来形成事实上的国际标准组织定位。因此，众多美国民间标准组织已经积极与经济合作与发展组织（OECD）、联合国等国际组织建立了合作关系。以 ASTM 为例，ASTM 与 OECD 在监管和新兴技术领域开展合作，联合编制报告《与国际组织的监管合作——以 ASTM 为例》（*International Regulatory Co-operation and International Organizations—The Case of ASTM International*）。2022年11月，ASTM 获批成为亚太经济合作组织（Asia-Pacific Economic Cooperation，APEC）的客席组织（Guest Organization），并于2021年获得联合国经济和社会理事会（Economic and Social Council，ECOSOC）特别咨商地位（special consultative status）。在联合国层面，ASTM 已经与众多联合国机构和组织，如国际民航组织、联合国减少灾害风险办公室、联合国环境规划署和世界卫生组织开展了十多年的合作，其标准涉及 17 个联合国可持续发展目标中的 12 个，如可持续城市和社区、创新和基础设施、健康和福利、清洁能源、气候行动等。

（三）国外市场应用

无论是要发挥对美国对外贸易的支持作用，还是将自身打造成真正的国际性标准组织，标准获得其他国家的实际应用更为关键。因此，美国民间标准组织也一直在通过与他国签署合作谅解备忘录、设立海外分支机构/分会等多种手段推动这些美国标准被其他国家所采用。目前，UL 已经成为美国、加拿大和墨西哥三国均认可的国家标准制定机构，制定三国协调标准 70 多个；ASTM 与超过 120 个国家签订了MOU，哥伦比亚、厄瓜多尔等国家在相关领域中已经将部分 ASTM 标准直接采用为其国家标准；甚至还包括了对外国政府官员的标准化培训，指导如何应用美国标准。更多相关内容详见本书第五章。

所以，这正如美国自己所说，ANSI 和美国民间标准组织一直在更快地将美国标准推向国际舞台，促进其他国家制定和应用自愿的、协商一致的标准，提高贸易伙伴对美国标准开发和使用方法的理解。

第二章

美国标准化教育：
投资下一代标准领导者

"投资培养下一代标准领导者有助于确保美国在全球的技术领导地位。标准不仅对创新、安全和公平的市场非常重要，一支精通标准的人才队伍对美国在国际标准制定方面的领导地位也至关重要。"

——2022年9月，美国国家标准与技术研究院（NIST）标准协调办公室主任戈登·吉勒曼（Gordon Gillerman）在NIST官网上发文指出

第一节 美国标准化教育体系

一、标准化教育的战略规划

早在2000年的《国家标准战略》中，美国政府就对公共和私营部门的决策者提出了实施标准化教育的要求，要求各部门决策者逐步了解标准的价值。随着标准化教育持续推进，其战略目标也逐步发生着变化，已经从最初启发美国公共和私营部门决策者对标准价值的认

识，逐步发展为将标准化教育确立为美国政府、企业和学术界的重点领域，写入了2005年、2010年和2015年三个版本的《美国标准战略》中。而在2020年的《美国标准战略》中，则是进一步将目标升级为"促进和支持全社会工作者（Standards-Literate Workforce）具备标准化能力"。

从二十多年的标准战略实施来看，美国已经对其标准化教育明确了清晰的推进路径：一是将标准化教育的目标提升至国家战略维度，期望通过实施标准化教育，不但要进一步提高社会各界的标准化意识，更要使公众对标准和标准化程序促进美国经济繁荣和生活质量产生认同感；二是将实施标准化教育主体范围延伸至几乎所有的标准化活动相关方，包括标准制定组织、工业界、学术界、美国标准学会和政府等；三是进一步扩大和细化标准化教育的受众群体，包括行业管理者、标准制定者、标准实施者、大学生、青年、初级专业人员以及其他感兴趣各方，并提出了需要根据不同的教育需求，采取针对性的措施因材施教；四是随着科技发展，在手段上更加重视信息化，无论是社会教育还是学校教育，都要求尽可能充分利用通信技术，推动在线学习。

在教育实施的设计上，美国注重系统性和针对性。对于基础教育，提出标准化教育提供者应与美国教育体系合作，对学生引入标准概念，开发教育模块或大幅增加教育资源，以使其尽早熟悉标准活动；对于专业教育，提出要在学术研究中挖掘标准与各行业、各专业的结合，要求美国学术界应精准把握工程、健康护理、科学、数字科学、技术、政府和公共政策、商业、经济和法律等研究领域中的标准考量因素；对于职业教育，提出标准制定组织应制定或显著加强早期和中期职业培训计划，向私营部门管理者引入标准战略、标准价值和标准人才的概念。

二、标准化教育体系的构成

美国采取了一种"多管齐下"的综合策略构建其面向全社会的标准化教育体系，即以标准战略为总体指导，美国政府部门提供政策、财政等基础资源，美国国家标准学会（ANSI）重点开展面向全社会的标准化教育，并联合民间组织在行业和专业领域打造人才队伍。这种多方参与、协作共进的模式，构建了集政府引导、行业驱动、院校参与、社会普及于一体的标准化人才培养模式，形成了一个多层次、宽领域的美国标准化教育体系，强化了美国社会对于标准化的广泛认识，进而提升了国家的整体标准化能力，包括维护了戈登·吉勒曼提及的国际标准领导地位。

在美国标准化教育体系的构建与发展中，美国国家标准与技术研究院（NIST）作为政府部门间标准化事务的协调者，为美国标准化教育提供了重要支持，特别是对政府官员和高校学生的标准化教育给予了高度重视。这些支持主要来自 NIST 下设的标准协调办公室（SCO）。该部门以标准相关项目实施为主要工作模式，其核心目标是为美国政府和私营部门提供必要且关键的标准工具与信息，以确保公私部门在标准化领域有效地运作与决策。其培训工作包括：为需要了解或参与标准化工作的联邦、州和地方机构工作人员提供免费培训；实施标准服务课程开发合作协议计划；实施标准协调办公室暑期本科生研究奖学金等。其中，针对高校学生的标准化教育是 NIST 的工作重点。

作为民间标准事务的协调机构，ANSI 围绕美国经济与社会对标准化的实际需求，携手民间标准组织，联合策划并执行多元化的教育活动，致力于将标准化知识传递给更广泛的公众群体，提升全社会的标准化意识与素养。ANSI 专门设有教育委员会（CoE），负责实施和监督标准化教育及相关活动，实现美国标准战略的教育和培训目标。该委员会的核心职责包括：针对标准化教育的目标受众，确立相应的教育宣传策略与方针；制定高等院校标准化教育战略及举措，推动标准化与课程体系的深度融合；增强工程技术、商业、公共政策及法学院系教职员工对标准与合规性价值的认识与理解；明确标准化教育课程的发展方向，并据此开发配套的教学资料；维护在线学习平台与网络培训项目，确保其实现可持续发展；确立适宜的筹资机制，如政府资助、基金会等，以支持教育行动的顺利实施。

此外，为了支持标准化教育在学校的推行，ANSI 推出了"大学推广计划"，为教师、学生免费提供标准资源，允许教师将关于标准和合格评定的信息纳入其课程。特别是在国际标准方面，作为国际标准化组织（ISO）的美国成员机构，ANSI 可以向学生和教师免费提供 ISO、IEC 部分标准约 2 万项，供美国各地的高等院校所有学科的教师和学生使用。

民间标准组织是美国标准化教育向专业领域延伸的重要力量。众多标准组织大多都设立了专门的标准化教育部门，策划并执行标准化教育项目和活动，甚至在国外凭借其建立的分支机构或合作伙伴开展面向国外政府、企业、学生和民众的标准化教育，以此提升组织在标准化领域的专业能力和国际地位。其中，围绕自身业务发展需求实施的职业教育是民间标准组织标准化教育的重点领域。

以电气电子工程师学会（IEEE）为例，作为在全球具有较高专业和标准影响力的国际性专业标准组织，为了向全球更有效地推广其主导的标准化教育和普及标准化知识，IEEE 特设了教育活动委员会（EAB），作为组织内部负责教育政策制定的核心机构。EAB 负责制定并执行一系列教育计划，涵盖了继续教育产品和活动的开发与实施、大学预科项目的协调、奖励计划的执行，以及在工程教育领域代表 IEEE 发声等多个方面。

再如美国机械工程师协会（ASME），这家拥有百年历史的知名标准制定组织，其设立的 ASME 培训与发展部与该组织的使命"推广、传播和应用工程知识"紧密相连，围绕工程技术领域提供包括公共课程、企业项目、网上课程、教育合作以及大师系列等在内的多元化教育服务。

显而易见，美国标准化教育体系中各部门的职责和分工，与美国标准化体系内各个组成部分所承担的使命，存在紧密且明确的关联性。可以说，标准化教育是推动美国标准化体系有效和可持续运作的重要支撑。这一点还可以从美国国家标准学会（ANSI）总裁兼首席执行官乔·巴蒂亚和董事会主席菲尔·皮凯拉在 ANSI 2022—2023 年度报告《影响与创新》中的寄语得以印证——"我们正在加强标准化教育和宣传有效参与标准化活动的重要性，采取行动保护美国标准化体系的完整性，并联合利益相关者共同应对与标准化相关的挑战并提出解决方案"。

第二节 标准化高等教育

一、高校标准化教育课程

"美国标准服务课程开发合作协议计划"（NIST Standards Services Curricula Development Cooperative Agreement Program）是美国政府部门资助高校开展标准化教育的主要项目，旨在丰富大学课程，提升大学生对标准和标准化在科学、技术、工程、数学、法律、公共政策及商业等学科领域中发挥作用的认知与理解。该计划的总体目标是：支持美国大学和学院的标准化教育。

（一）课程计划的由来和发展

2012 年，美国国家标准与技术研究院（NIST）标准协调办公室标准服务部启动"教育挑战拨款计划"(Education Challenge Grants)。该计划启动资金为每笔15万美元共计6笔的小额拨款,用于资助高校支持开发新的学习资源和课程模块,将标准纳入商业和工程项目的正式课程。2013年,为了推动NIST与获得资助高校加强合作,该项目从资助项目改为合作协议项目,正式更名为《NIST标准协调办公室课程开发合作协议计划》,并确定由NIST依据以下四个方面对申请资助的项目进行审批:① 技术项目方法和项目执行计划;② 宣传和传播计划;③ 项目关键成员的资格和经验;④ 资源可用性。

该计划是美国政府推动标准化进入高等教育体系的关键桥梁,也可以被理解为美国政府在全球经济竞争中提升本国人力资源质量的措施之一。2021年,NIST标准协调办公室主任戈登·吉勒曼在确定资助对象后,谈及:"标准服务课程开发合作协议计划及其获资助者正在建设一支具备标准能力的人才队伍,他们认识到,标准是连接创新、制造和全球市场的桥梁。受资助项目的多样性反映了生活中受益于标准的各个领域,包括制造、医疗应用、工程和船舶[1]。"该计划不仅为高校提供了标准化教育课程的开发资金支持,还进一步丰富了学生的学习资源,实现了多元化发展。

NIST通过该计划对高校的标准化教育课程开发提供资助(表2-1)。自2012年启动至今,NIST已对宾夕法尼亚大学、普渡大学、休斯敦大学等29所高校、46个课程/模块给予了支持,资助总额超过430万美元,覆盖了全美各地的大学,从东北部的罗切斯特理工学院和史蒂文斯理工学院,到中西部的普渡大学,再到南部的北卡罗来纳州

---

[1] National Institute of Standards and Technology (NIST). NIST Awards 5 Universities With Key Funding to Develop Standards Curricula in Manufacturing, Maritime Design and More[EB/OL]. (2021-10-28) [2025-01-15]. https://www.nist.gov/news-events/news/2021/10/nist-awards-5-universities-key-funding-develop-standards-curricula.

立大学和西部的科罗拉多矿业大学等,在院校类型上囊括了大型公立研究型大学、专门的工程和技术学院、小型私立学院等。该计划通过教材和讲义、"数字化+"视频课程、案例研究课程、标准化教育资源库等各种教学方式,提升了大学生对标准化理论体系,以及自身所学专业相关标准化知识的理解[①]。

表2-1　2021—2023年NIST支持的高校标准课程

高　校	课程名称	课　程　内　容
科罗拉多矿业大学	将标准纳入新的陶瓷工程学位课程	开发入门标准、毕业设计标准和陶瓷机械测试标准三大教育模块,包括大二年级标准化教育课程、大四学生标准化教育项目,以及老年人用陶瓷制品的机械强度测试标准
安柏瑞德航空大学	将工程和航空标准纳入高等教育课程	通过开发环境管理体系、室内空气质量标准等六大教育模块,将行业标准纳入工程学和航空学专业的三门课程中。两门普及性本科课程将分别包括两个关于环境管理系统和室内空气质量标准的模块,另外两个模块将被整合到科学航空硕士课程的核心课程中,专门为远程学习而设计,涉及航空和航天领域的当前重点研究方向
密苏里科学技术大学	电气与计算机工程专业标准与安全研究生课程	创建电气与计算机工程标准和安全的研究生学位教育课程:其中一门课程将侧重于标准制定过程,包括组建工作组,起草、修订和批准标准,标准化协调,标准的维护以及测试和符合性要求;另一门课程将介绍电气与计算机工程的各类标准
普渡大学	标准在产品创新中的作用——标准在新兴技术领域中的重要性	通过创建五大教育模块,将标准和标准化内容纳入工程技术课程,并开展本科生和研究生新兴技术标准和法规教育,通过构建数字徽章平台,允许教师和(或)学生导入徽章信息,并在该平台上进行展示和分享

---

① 施琴,霍哲珺.从美国标准服务课程开发合作协议计划看美国高校标准化教育的特点[J].质量与标准化,2023(1):36-38.

续 表

高　校	课程名称	课程内容
普渡大学	将电力推进标准纳入航空航天教育课程	开发两个关于电力推进适航要求和电力推进设计要求的教育模块
佛罗里达大学	将机器人规范和标准纳入职业安全工程课程	开发两个可公开访问和可定制的模块，侧重于协作性机器人、自动化安全和基本机器人标准
休斯敦大学	将标准教育纳入纳米材料工程课程	为本科生和研究生纳米材料工程课程开发包含讲座和实验室内容的实践标准教育模块
亚利桑那大学	开发增材制造标准教育模块	开发四个增材制造标准在线学习模块，上述模块将涵盖标准在增材制造工艺设计中的使用、增材制造工艺开发以及增材制造部件的测试和评估等内容。此外，四大模块还将纳入工程学院的三门增材制造课程
得克萨斯农工大学金斯维尔分校	将材料标准纳入工程设计课程	将标准和标准化元素纳入机械与工业工程系、土木与建筑工程系研究生新生课程
凯斯西储大学	生物设计课程的标准教育模块	围绕医疗设备质量体系、软件开发和网络安全等内容，开发标准教育模块，并将教案、教程、案例研究、视频、家庭作业和模拟法庭练习等元素纳入工程学入门课程、高级设计课程和研究生生物设计课程
得克萨斯农工大学金斯维尔分校	开发、实施和整合机械、化学和工业管理与技术课程中的标准教育模块	为三个工程专业的本科生和研究生开发16个课程模块，并创建5场标准在相关专业领域应用的网络研讨会
伊利诺伊大学芝加哥分校	与医疗设备制造商合作开发诊断标准课程	通过开发标准检索、标准制修订等四大教育模块，将性能和测试标准纳入工程设计教育，并在本科生和研究生生物医学工程课程中试用这些教育模块。这些模块包括：标准搜索功能模块；将标准纳入验证试验的协议书模块；标准修订提案模块；制定新的标准提案模块
得克萨斯理工大学	将应急、灾难和危机管理标准纳入安全工程课程	为工程专业的本科生和研究生开发应急、灾难和危机管理标准教育模块，纳入一个为期三周的核心安全工程课程和一整个学期的安全工程选修课程

续 表

高 校	课程名称	课程内容
南亚拉巴马大学	将标准教育纳入土木工程课程	为本科生和研究生土木工程课程开发五个教育模块,并与地方政府、协会、企业合作,与当地组织合作,包括亚拉巴马交通部、亚拉巴马沥青路面协会、县回收中心以及混凝土和沥青厂,鼓励学生参与讨论如何将标准和规范纳入土木工程的运营和管理
罗切斯特理工学院	基础设施改进和复原标准教育课程	开发一套与基础设施复原和环境可持续性相关的可重复使用和可定制的课程模块,包括案例研究和模拟练习
北卡罗来纳大学夏洛特分校	开发基于标准的建筑信息建模教育模块	开发四个基于标准的能够加强建筑信息建模与基础技术、标准之间联系的教育模块
佐治亚南方大学	制造标准的体验式学习:从讲座到实验室和工业实习	围绕机器人和快速成型制造标准,为本科和研究生的工程专业学生创建学习模块,纳入工程教育课程,包括讲座、实验室项目、行业实习、案例研究、在线工厂参观以及与行业专家开展网络研讨会
韦伯研究所	船如城市:利用标准设计、建造和运营海洋交通工具	韦伯研究所与美国海岸警卫队学院、美国船级社合作,围绕"海洋行业标准"共同开设一门10小时的课程。课程材料可纳入海洋和海洋工程、海军建筑和工程,以及海洋运输

(二)课程计划的特点

标准课程计划以高校工程类专业为重点对象,从近年发展特点来看,支持对象和专业由起步阶段的"标准与社会""标准与法律""标准素养"等普及性教育,从2016年起逐步向可持续发展和高科技等领域倾斜。近年来,课程主题越来越多地围绕生物设计、增材制造、智慧城市、纳米材料、智能电网和机器人等美国政府高度关注的前沿领域展开,同时注重工程、材料和建筑等领域的跨学科项目,这表明提升大学生的学科综合应用能力成为美国高校标准化教育近期的重点任务。以智能城市项目为例，该项目结合了工程、环境科学和社会学等多学科知识，同时涉及供应链管理、物流和商科领域，旨在培养高校毕业生跨学科应用和实践能力，以适应未来职业发展中对于跨界技术创新的需要。

标准课程计划的另一个显著特点就是在教学设计上注重标准化与学科高度融合的专业应用型教学。在美国的标准化教育体系中，高校的标准化教育并非作为一门学科，也很少作为一种普及性基础课程，而是围绕各个学科教学，将标准化作为一种知识和手段融入专业教学，指导学生如何在其专业领域内应用标准，从而为美国工程技术领域培育既熟练掌握标准化知识又精通专业技术的复合型人才。因而，标准课程计划的设计更注重标准的实践应用教育。因此，在课程的内容设计上，除了传统的纸质教材和讲义外，还有两种具有典型应用特征的教学形式。

1. 数字化＋视频课程

标准课程计划已经在消防、航天航空、生物等学科领域制作了一系列标准化视频课程，将标准研制、标准应用等拍摄成为标准化教学资料。当前，与数字化学习模块的深度融合正在成为视频课程发展的主要趋势，越来越多地将视频课程、在线实地考察和实践练习等相结合起来，可帮助学生更好地去了解和掌握标准化在新兴和未来技术领域中的重要作用。如普渡大学制作的带脚本叙述的航空航天标准化专业教育视频已经被整合到本科课程中。

2. 案例研究课程

案例研究一直是标准课程计划重点支持的教学形式，每年都会资助1～2项以案例研究为中心的标准化教育项目。目前，生物设计、机器人和增材制造、绿色建筑、产品设计、公共政策等领域的课程已引入了案例研究学习模块，生动、真实地展现标准的作用和影响，促进大学生主动学习，并帮助他们积累在决策中应用标准的实践经验。

无论是"数字化+"视频课程，还是案例研究课程，都突出了标准的实践元素，注重通过模拟练习、实验室操作、工作实训来教育学生如何制定和使用标准，以及更深入地了解标准如何发挥作用和影响，强调学生对标准的切身体验。

例如，宾夕法尼亚大学运用资助资金开发的关于标准与技术规则的模块化课程，内容包括教学指南、案例分析和专家视频访谈，详细介绍了标准与法律和公共政策互动方式。这些模块可以与法学和公共政策研究生核心课程及选修课程相结合实施教学，模块内容包括：

（1）提供关于技术规范和标准的概述，教师可根据教学需要进行补充和调整。

（2）介绍标准与专利的基本知识，对微软和摩托罗拉的知识产权诉讼案件开展案例分析。

（3）讲解标准被联邦法规引用的基本知识，分析联邦机构将民间标准组织的标准引入法规的过程。

（4）开展风险监管的案例分析，对民间标准纳入美国最高法院关于苯的裁决案例进行研究。

（5）介绍联邦优先购买权，对联邦能效标准以及州和地方绿色建筑规范要求开展案例分析。

此外，在数字化技术赋能高校教育创新的背景下，实现标准文献资源与标准课程资源的整合与共享，也是NIST资助关注的新方向之一。标准课程计划支持数据库等可共享教育资料的开发。目前，该计划已资助了机器人标准化、标准教育信息素养、可持续智慧城市标准化设计三项课程的数据库开发，通过建立数据平台推动标准化教育资源在不同课程、不同专业、不同院校间的共享。例如，弗吉尼亚大学开展的"可持续智慧城市的标准化设计"项目中，开发标准数据库和综合数据库，为大学生提供获取标准化资源的渠道。又如，普渡大学图书馆建立了开放的、交互式的在线标准教育平台，便于教师、学生随时使用数据库资源。

二、以兴趣为导向的教育活动

美国国家标准学会（ANSI）更加注重对学生兴趣的培养，从而使学生在逐步掌握标准化知识的同时，提升其未来从事标准化工作的意愿。

（一）高校标准化论文竞赛

美国高校标准化年度论文竞赛要求提交与标准和合格评定相关的特定主题的原创论文，例如"标准如何减轻灾难？""想象一个没有标准的世界"。论文由行业专家进行评审，包括标准组织成员，以及政府、行业、专业协会和学术机构的专家。同时，对于获奖的参赛作品，ANSI 会颁发获奖证书和奖金。如 2024 年论文大赛，第一名和第二名获奖者分别获得了 2 000 美元和 1 000 美元的现金奖励。

自 2012 年起，ANSI 累计共举办了 12 届美国高校学生年度论文竞赛。从表 2-2 可看出，随着时代的变迁和技术的不断发展，历届竞赛主题既紧贴当时的经济和社会热点问题（如奥运会、抗击新冠疫情、可持续发展、组织复原力等），又着眼于未来科技发展的新领域（如人工智能、新经济领域、未来全球标准化发展走势等）。在紧扣时政热点、紧跟时代潮流的同时，又贴近生活、贴近实际。多年来，ANSI 通过举办论文竞赛切实帮助美国高校学生提升自身专业素养、锚定职业发展方向、培养社会责任感，为美国下一代标准领导者的培育提供支撑。例如，2021 年第十届学生年度论文竞赛主题为"标准在全球抗击 COVID-19 中的应用"，旨在传播标准战略意义，强调标准在应对大规模紧急情况中的重要性。竞赛要求申请人探讨应对新型冠状病毒大流行期间标准的使用或缺失，探讨新冠疫情的特定问题，并探索解决该问题的任何标准，例如个体防护设备、医疗设备、社交距离、远程办公、远程学习、疫苗研制、运输、接触者追踪等。

表 2-2　美国高校学生的年度论文竞赛主题一览表

年　份	论文竞赛主题
2024 年度	标准在人工智能安全领域的重要作用
2022 年度	标准如何助力奥林匹克运动会发扬创新、合作和卓越精神？
2021 年度	标准在全球抗击 COVID-19 中的应用
2020 年度	标准助推联合国可持续发展目标实现
2019 年度	标准如何减轻灾难？
2018 年度	标准与瞬息万变的世界
2017 年度	2050 全球标准格局
2016 年度	想象一个没有标准的世界
2015 年度	标准与创新
2014 年度	标准与合格评定在应对新兴商业挑战中的关键作用
2013 年度	标准与新兴技术决策——标准在灾难恢复和业务连续性中的作用
2012 年度	标准如何促进创新并造福社会？

（二）大学生标准模拟竞赛

除了论文类竞赛之外，ANSI 与标准组织合作，定期为大学生团队举办标准模拟竞赛，侧重于对实际标准开发实践的学习。ANSI 举办诸如"开发一个可视化、无文本或最小文本的国际标准""开发一个与工业通信系统相关的新的全球自愿性标准""开发车对车通信技术（V2V）标准"等主题活动，并模拟真实世界的情况，为学生设置标准制定过程中模拟谈判的学习场景，从浓缩到一天的谈判中获得经验和价值。期间，在学者和专家的现场指导下，大学生团队将模拟不同的利益相关方代表展开谈判。此外，ANSI 还经常与 NIST 合作举办额外的标准模拟练习，让学生个人而不是学校团队参与标准的研制工作。

三、面向就业的技能培养

美国民间标准制定机构注重标准化技能的培养，特别是在科技创新领域。这些组织在其专业技术领域内，通过各类倡议和项目的赞助，提供对高校学生标准化教育的支持，也为自身培养潜在的人才队伍。

以美国材料与试验协会（ASTM）为例，由其外骨骼技术卓越中心主办的外骨骼竞赛（EXO Games）是一项旨在激发学生创新精神的重要活动，有助于青年人才更好地了解最新的外骨骼标准。该活动专注于外骨骼技术及其相关领域的竞赛，广泛吸引来自工程学、机器人技术、生物力学和人体工程学等多个学科的高校学生参与设计和制作外骨骼装置，并依据 ASTM 外骨骼和护甲委员会制定的标准进行评估。这一活动不仅激发了学生探索前沿技术的热情，还为他们提供了一个展现自身研发成果的平台。参与 EXO Games 实践项目使高校学生获得了未来学术和职业发展的宝贵经验。

又如，美国机械工程师协会（ASME）的社区大学工程途径计划（CCEP）是一个开放性创新项目，旨在为美国社区大学的学生提供更多获得工程和技术工作的机会，以此吸引更多的高校毕业生投身工程技术领域。CCEP 的核心在于建立学生与雇主的沟通桥梁，为学生职业发展提供更多机会。通过为学生提供多渠道的实习机会、邀请志愿者担任学生导师、演讲嘉宾和顾问委员会成员，进一步加强学生与行业的联系，使学生既能获得实习经验，增强就业竞争力，又能了解行业最新的技术发展动态。在此过程中，ASME 为社区大学学生提供免费的 ASME 会员资格，使其有机会获取 ASME 网络的各类学习资源，培养他们对于 ASME 的归属感，从而发展潜在的会员。迄今为止，已有 32 家美国社区学院加入此计划，超过 580 名学生参与其中，共创造了

90多个实习机会。这不但促进了社区大学学生就业，也有助于培育工程技术人才梯队。

第三节 标准化职业教育

一、专业技术人员

美国民间标准组织根据自身的专业领域，提供各具特色的职业教育资源，帮助职场人士获取专业技术技能，同时更好地理解和使用标准。例如，美国机械工程师协会（ASME）与美国知名的教育出版社麦格劳-希尔教育集团（McGraw-Hill Education）联合开发了在线学习教育平台——工程学数据库（Access Engineering）。该平台设有800多个课程项目，不仅涵盖机械、化学、土木工程、电气/电子等所有工程学科，而且还实时聚焦生物工程、机器人、清洁能源等工程前沿领域。Access Engineering在线学习教育平台对会员免费，通过提供高级检索、数据分析工具、全球工程资讯、独家自学视频等服务，为在职人士提供优质工程教育资源。

在美国，超过50%的州要求注册工程师参与继续教育，以确保其知识和技能与时俱进。考虑到职场人士受地域和时间限制，美国民间标准组织积极推广在线教育模式，在推动优质标准化教育资源惠及各界职场人士的同时，帮助美国注册工程师满足工程师执业资质继续教育学时要求。例如，电气与电子工程师学会（IEEE）建立"IEEE学习网络"（IEEE Learning Network，ILN）和"IEEE电子学习图书馆"等学习平台，为在职人士提供向新兴技术、信息通信、交通运输、电力能源、生物工程、专业技术英语等领域顶尖专家学习的机会，相关课程可获得由IEEE颁发的继续教育学分（Continuing Education Units，CEU）和专业发展学时（Professional Development Hours，PDH）认证证书或数字徽章。再如，ASTM 通过采用现场教学和在线培训的混合教育模式，为在职人士提供环境、建筑、能源、纺织、金属、塑料、增材制造、航空等多个领域的课程，相关课程可计入在职人士持续专业能力（Continuing Professional Competency，CPC）专业发展学时（PDH）。

此外，美国还面向全球合作伙伴，因地制宜地设计和开发了多样化的标准化专业技术人才培育课程。例如，IEEE 聚焦新兴技术发展，面向印度和非洲地区开设了相关标准化课程。在印度地区，IEEE 面向印度专业技术人员启动"混合学习计划"（简称 IEEE BLP 计划），通过开设"IEEE C-DOT 认证电信专家计划"（IEEE C-DOT Certified Telecom Expert Program，ICCTEP）"机器学习""IEEE 人工智能伦理认知模块""面向物联网系统的云计算"等 34 门课程，采用线上和线下的混合教学模式，培育集成电路领域的标准化工程师。在非洲地区，2021 年 IEEE 策划推出"非洲继续教育课程计划"，该计划共设置 18 门课程，涵盖 5G 网络、人工智能、区块链、边缘计算、智能电网、电力系统安全等新兴技术领域。目前，课程面向加纳、肯尼亚、尼日利亚、卢旺达、乌干达和赞比亚等六个国家开放，已有超过 1 000 名工程师或专业技术人员参与了该计划并获得证书。这些举措不仅推动了美国标准化教育的国际化进程，也为全球合作伙伴提供了宝贵的学习和发展机会。

二、政府标准化队伍

无论是作为政府监管过程的关键要素，还是作为政府采购的关键依据，标准对于政府机构的高效运作都至关重要，这一点在美国立法和战略中已有所体现。从立法层面看，《1995 年国家技术转让和促进法》（NTTAA）及其 OMB A-119 高度认可公私标准开发伙伴关系，明确提出应加强自愿性共识标准的使用,进而降低政府部门制定符合国家需求标准的成本,推动私营部门提供政府所需产品和服务相关政策的落地。从战略层面看,《美国标准战略》和《美国政府关键和新兴技术国家标准战略》强调要加强政府机构标准队伍建设,特别是在关键和新兴技术领域。

为夯实政府部门标准化基础,提升机构人员的标准意识和能力,美国国家标准与技术研究院(NIST)作为集科研、计量、标准化和技术创新于一体的联邦机构,承担起美国政府部门标准化教育职责。NIST 通过定期举办政府机构人员研讨会和培训活动,或采用为相关政府机构"量身定制"培训活动的方式,帮助政府机构了解标准制定过程并有效参与其中。NIST 每年度提供的培训主要包括以下三类:

第一类是标准和合格评定基础培训。考虑到标准日益成为政府部门规划的重要组成部分,标准制定和使用已然成为政府治理能级提升的重要议题,为此 NIST 通过研讨会等形式,帮助各政府机构人员在熟悉指导政府机构参与标准制定和使用的法律、法规和指南,更有效地参与到标准制定过程中。目前,标准和合格评定基础培训的主题包括:标准化简史、标准化基础知识、美国和国际标准体系、标准研制的主要参与者;指导政府机构参与和使用标准的法律、法规和指南,例如 NTTAA 及其 OMB A-119;学习标准制定流程以推动政府机构做出决策、使用标准;合格评定在自愿和监管环境中的应用。

第二类是标准研制实践培训。此类培训通过采用模拟练习的方式,探讨标准制定过程中的机遇和挑战,帮助政府机构人员掌握成功参与标准制定所应具备的政治能力、谈判技巧和实践技能。NIST 不但对模拟练习的整体设计提出了高标准要求,而且还要求模拟练习内容应紧贴工作实际且不断动态调整。

第三类是标准集训营。此类培训通常设置为期两周的小型互动论坛，活动形式包括演讲、讨论、实验室参观和标准研制全天候模拟练习等。举办集训营的主要目的是为联邦机构人员提供一个小型的互动论坛，以加深和扩大他们对标准和标准制定的了解，并更好地理解标准与合格评定、监管、贸易、制造、创新等之间的关系[①]。

第四节　标准化社会教育

一、标准化教育的普及

美国国家标准学会（ANSI）前总裁乔·巴提亚（Joe Bhatia）指出，随着标准化领域的大规模发展和变革，当务之急是在各个层面建立稳健的人才输送机制，培养高效、全能的标准从业者，因此 ANSI 也一直在提升 ANSI 教育和培训资源的可及性，提高标准化意识和能力。ANSI 从体系、专业、课程、教材、师资等方面着手，建立了一套全面而系统的标准化教育培训机制[②]。这套机制的目标是提供专业的标准化培训课程，实现理论与实践相结合的教学方式，以及组织各类科普宣传活动，增强公众对标准化的认同感，同时依托先进的教育技术平台，全方位地推动标准化知识的普及和提升，进而提高公众的标准化素养和认知水平[③]。

（一）丰富多元的普适性课程

ANSI 设计了围绕标准化专业知识的一系列传统培训课程，范围覆盖标准理论及其发展进程，以及国内和国际标准化技能培训。这

---

① 霍哲珺，施琴.美国标准化教育整体布局研究[J].标准科学，2024（5）：15-18.
② 王亚林，徐丽丽.国外标准化教育发展及对我国的启示[J].现代教育管理，2015（10）：114-119. DOI: 10.16697/j.cnki.xdjygl.2015.10.020.
③ 《中国标准化（英文版）》编辑部.ANSI 如何在不断发展的标准格局中应对挑战并抓住机遇——访美国国家标准化机构主席兼首席执行官乔·巴提亚[J].中国标准化，2023（6）：24-31.

一系列课程的设置，体现了对不同级别人员需求的精准把握，从初级到高级，层层递进。其中，基础课程针对标准化初级人员，强调参与标准化活动的价值；进阶课程针对具有标准化基础且希望进一步增长标准化技能的人员；在高级课程中，经验丰富的技术人员可以学习各种专业技术及标准化知识，使参与标准活动的利益最大化。具体来说，培训课程有三种形式：线上课程、线上研讨会、线下研讨会（表2-3）。

表2-3 ANSI培训课程部分内容

课程名称	课 程 目 标
标准简介：为什么、在哪里以及如何制定标准？	该线上课程主要内容包括标准化基础、ANSI在美国标准化中的作用、ANSI在国际标准化中的作用等
什么是美国国家标准（ANS）？	该线上课程主要内容包括ANS的含义、正当程序及其重要性、制定流程，以及如何参与ANS制定
领导力战略和技能	该线上课程主要内容包括领导理念与原则、领导角色两大部分，概述了领导者应具备的重要特征，以及标准制定工作中领导力的培养
美国方式：ANS开发过程	该线下研讨会提供对美国国家标准开发程序的应用指导，帮助学员提升对美国自愿共识标准重要性的认识，了解标准制定过程的所有阶段，以及如何充分参与标准制定活动
ANSI会员线上研讨会	该交互式线上研讨会定期举行（每个月的第一个星期五），帮助ANSI会员了解美国国家标准化活动概况，充分利用会员资格参与国际和国内标准化活动，例如了解美国技术咨询小组（TAG）的作用以及在TAG任职的资格，当前相关协作和研讨会中聚焦的技术领域等

其中，ANSI每年在全国各地举办一定数量的面对面教师指导的课堂培训，被称为讲师主导的课程（Instructor-led classroom training）（表2-4）。这一课程被认为是最有效的培训模式，因为它最有利于实时交互、深度信息共享和直接答疑。

表 2-4 讲师主导的课程部分内容

课程名称	课 程 目 标
ISO 秘书处运作：秘书处	学习国际标准化组织（ISO）委员会管理知识；加深对国际标准制定流程和其他交付文件的理解；学习有效的管理技巧。课程重点包括了解委员会管理人员的职责；理清 ANSI 与 ISO、IEC 之间的关系；学习 ISO 委员会会议的要求，以及关于会议筹备、会上言行的有益提醒
美国 ISO 技术咨询小组操作程序：加强美国在国际标准化的声音	学习国际标准化组织美国技术咨询小组（TAG）的工作规程。课程重点包括学习会员制度、表决的要求和明确立场的规则；学习如何成为一名行事高效的 ISO 委员会会议国际代表
人员认证研讨会	标准 ANSI/ISO/IEC 17024：《人员认证机构通用要求》得到了 150 多个国家的一致认可，已被采纳为美国国家标准，并得到美国联邦政府、劳工组织和认证业越来越多的认可。近年来该标准进行修订，发布了新版本。ANSI 为期两天的关于 ANSI/ISO/IEC 17024 的研讨会可反映最新版标准的新要求。研讨会的重点是理解标准的要求、益处以及该标准成为人员认证基准的原因

在线研讨（virtual workshops）则专注于单一的或集中的主题，整个研讨过程围绕着参会者在会议前提出的关键问题而设计，参会者也有机会在会议期间提出其他问题。比如，ANSI 与波音公司联合以"天高任鸟飞"主题研讨会形式，为专业人士举办研讨会，模拟参与制定自愿共识标准的过程体验。该角色扮演模拟活动旨在让参与者亲身体验标准制定流程。参与者将理解标准化工作的重要性，洞察标准相关利益与策略，并学习标准流程的相关性。在线培训与研讨的方式因其在节省参与者通勤时间和费用方面的显著优势，备受参与者青睐。当前，鉴于这一模式的广泛接受度，越来越多的培训活动开始采用混合模式，即结合面对面与在线两种形式，以满足不同参与者的需求和偏好。

（二）优秀案例学习

当然，仅仅依靠教育和培训课程，无法满足标准化工作的全面推广需求。ANSI 为了加强学习者对标准化的理解与应用,将标准化理论学习与案例研究相结合,以丰富的案例和翔实的内容进一步提升社会各界的标准化意识与能力。其中,包括标准在公共政策应用中的典型案例,如《美国国会图书馆在可持续性档案保存中使用标准化数字格式》;也有标准保护消费者的典型案例,如《标准和一致性保证玩具安全,建立消费者信心》;也有标准在重点行业领域的应用,比如服务业中的《JPEG 图像编码标准》、成本节约中的《共识标准的好处——管道的案例研究》和创新行业中的《国际民航组织采用 JTC 1/SC 37 标准以支持机读旅行证件的生物识别技术》《动态图像专家组多媒体服务平台技术(Moving Picture Experts Group,MPEG-M)标准》等[①](表 2-5)。

表 2-5 ANSI 提供的标准化案例(部分)

机 构 名	案 例 名 称
美国国防部(DOD)	美国国防部:弗吉尼亚级潜艇案例研究
美国材料与试验协会(ASTM)	有烟的地方……不一定有火灾:火灾安全和 ASTM E2187
美国材料与试验协会(ASTM)	ASTM D6751 和津巴布韦麻风树计划
美国电气制造商协会(NEMA)	在火灾开始前予以遏制:NEMA 和电弧故障断路器标准
加拿大标准协会(CSA)	确保饮用水质量
电气与电子工程师学会(IEEE)	N42 系列辐射探测标准——DHS、NIST 和 IEEE
加拿大标准协会(CSA)	帮助燃料电池技术实现商业应用的标准
加拿大标准协会(CSA)	能源效率标准——国际合作、环境目标和洗衣机标准
普渡大学	围绕标准参与开发一个研究工作实验室

---

① 美洲标准化(上海)研究中心. 美国标准化教育的战略及其实施路径[J]. 质量与标准化,2021(7):38-41.

续　表

机　构　名	案　例　名　称
美国电气制造商协会（NEMA）	可靠图像——医学成像的 DICOM 标准
美国电气制造商协会（NEMA）	防破坏插座——帮助保护儿童免受电击的标准
国际信息技术标准委员会（INCITS）	小型计算机系统界面（SCSI）技术委员会 T10 提供多供应商存储设备互用性
国际信息技术标准委员会（INCITS）	光纤通道技术委员会 T11 提供储存环境相关标准
国际信息技术标准委员会（INCITS）	技术委员会 M1 的生物识别技术标准应用于印度 Aadhaar 系统
国际信息技术标准委员会（INCITS）	支持生物识别技术的 JTC 1/SC 37 标准应用于计算机可读旅游证件的 ICAO
国际信息技术标准委员会（INCITS）	技术委员会 M1 和 JTC 1/SC 37 生物识别标准促进美国政府使用个人身份验证
国际信息技术标准委员会（INCITS）	联合图像专家组（JPEG）图像编码标准技术委员会 L3
国际信息技术标准委员会（INCITS）	动态图像专家组多媒体服务平台技术（MPEG-M）标准技术委员会 L3
国际信息技术标准委员会（INCITS）	字符编码使全球各种语言的数字存取成为可能
国际信息技术标准委员会（INCITS）	共识实现了国际计算机编程语言 C++ 的发展
国际信息技术标准委员会（INCITS）	2020 年美国人口普查采用的标准
国际信息技术标准委员会（INCITS）	美国国会图书馆采用标准化数字格式实现文档的可持续保存
国际信息技术标准委员会（INCITS）	促进 3D 出版的标准

（三）普及性的标准化教育平台

在上述标准化普及的基础上，ANSI 搭建了在线教育和远程学习资源平台，汇集 153 家组织的标准化教育资源于一体，确保每一位求知者都能获得高质量的教育资源。据统计，153 家组织中涵盖 79 家经认可的标准制定组织（ASD）、80 家 ANSI 成员（包括组织成员、企业成员和政府成员）和60家其他合作伙伴，其中兼具ASD和ANSI成员双重身份的组织数量占据总数的43.79%。以美国保险商实验室（UL）为例，作为ASD和ANSI组织成员，UL提供了标准、标准研制、国际标准和安全四大主题的远程学习资源。

为了加强信息传播和分享，ANSI不仅在官方网站的"标准化教育"页面提供系统的标准化教育目标、课程、信息等，还通过标准加速业务计划提供各类工具包和个案研究，同时通过建设美国国家标准电子图书馆和标准数据库，为开展标准化教育、培养技术人员提供重要技术保障。

二、青少年标准化意识的培育

"标准化人才从娃娃抓起"，这句话颇具中国特色，却是ANSI开展K-12[①]标准化教育的重要理念，期望青少年能尽早接触并熟悉标准化活动，进而在他们未来就学和就业过程中激发对标准化的兴趣和热情。

（一）寓教于乐的青少年标准课程

以电气与电子工程师学会（IEEE）为例，IEEE面向5～18岁的学生开设了178项课程，涵盖代数、生物学、化学、数据分析、环境与能源、工程设计、物理学（光、声、热）、概率与统计等多个工程学领域。IEEE根据课程的难易程度和适用性，将178项课程按进阶性划分为5～7岁、8～10岁、11～13岁和14～18岁四大年龄段。例如，面向5～7岁的低龄儿童开设"荒岛求生""速降滑雪""我和我的影子"等趣味课程；面向14～18岁的青少年则开设"变压器""光疗/生物医学工程"和"桥梁"等专业课程。为激发学习热情、增加学习

---

① K-12是源自美国的教育体系，指从幼儿园（Kindergarten，通常5岁入学）到高中毕业（12年级）的教育阶段。

趣味性，IEEE 为不同年龄段的青少年设置了 58 款游戏，并特设 IEEE 主席奖学金以表彰优秀学生。同时，IEEE 设立"一起尝试工程"虚拟指导项目，将工程师、青少年标准化教育志愿者与资源匮乏学区[①]的 3～8 年级学生配对，学生们通过课堂实践、阅读和与网络导师一起撰写自己的经历来学习工程学。此外，IEEE 还为高中生提供为期两周的暑期工程实践活动。13～17 岁的学生可以通过实践设计挑战、嘉宾演讲和实地考察，了解各种工程学科的基础知识[②]。

又如，美国机械工程师协会（ASME）的 K-12 STEM[③] 教育项目关注工程学知识的普及。项目通过一系列创新的教育工具，如互动游戏、视频和动画，营造具有吸引力的学习环境，让学生们在轻松愉快的氛围中掌握工程学的基本原理和实践技巧。学习模块侧重于前沿主题，如大数据、3D 打印、驱动网络的算法以及最新的制造和设计技术。据统计，每年全美有 1 300 多所学校参与该项目。自项目启动以来，已有超过 28 万名初高中学生直接参与到项目中，体验到了工程学带来的乐趣与挑战。不仅如此，ASME 数字学习平台推动学生们探索 STEM 知识，通过社交媒体的广泛传播，惠及 200 万名受众，形成了庞大的线上社区，共同分享学习经验，讨论工程学的前沿话题。为与该项目配套，ASME 基金会特别设立了 ASME INSPIRE Clarke 奖学金，已累计颁发了超过 32 万美元的奖学金，表彰优秀学生，帮助青年英才减轻求学经济负担。

（二）美国科学与工程节

ANSI 的推广策略并非只是以普及和宣讲标准的传统方式来推广

---

① 根据美国的教育公平理论，资源丰富的学区通常拥有更好的教学设备和更多的课外活动机会，而资源匮乏的学区则面临着师资短缺、设施老旧等问题。
② 申怡旻，戴宇欣，谭娜. 美国标准化教育实践研究[J]. 标准科学，2023（8）：101-105.
③ STEM 是科学（Science）、技术（Technology）、工程（Engineering）、数学（Mathematics）四门学科英文首字母的缩写。

标准化观念，它还巧妙地将标准化教育与青少年科技科普活动相结合，以更为生动和具有吸引力的方式来传播标准化的理念，使其不再是一种刻板、枯燥的概念，而成为一种与日常生活息息相关的实用工具，吸引越来越多的有识之士加入标准化事业。

ANSI 于 2014 年开始通过参与"美国科学与工程节"，以生动有趣的方式，向参与者普及标准、科技与创新之间的关系，激励工程师与科技工作者从事标准化事业，增加社会公众对标准事业的认可度。ANSI 教育委员会和美国国家委员会在活动中共同设立了标准相关的主题展览和资料，激发下一代的工程师和专业技术人员对标准的兴趣。例如，2014 年"美国科学与工程节"设立了"标准让世界运转得更好"，加深了公众对标准化价值的认识；2018 年设立的"标准无处不在"主题展览，则向民众传递了标准是如何影响每个人的日常生活和娱乐，让人们切实感受到标准就在身边，与日常生活息息相关。

第三章

战略和立法：
从更高的站位审视标准的价值

"如果美国要在全球市场上有效竞争，那么美国需要一个有效的国家标准战略。"

——1998年4月，时任美国国家标准与技术研究院（NIST）主任雷蒙德·卡默（Ray Kammer）在美国国会小组委员会上发言

第一节 美国国家标准战略的演变：稳定性和灵活性并存

一、美国标准战略的历史沿革

2000年，美国国家标准学会（ANSI）发布首部《美国标准战略》[①]，该战略阐述了美国制定标准及参与国际标准制定过程的原则和策略。ANSI负责组织民间标准组织、政府部门、行业协会、技术联盟等各利益相关方开展战略的起草、审查和更新，并每五年发布一版新战

---

① 美国标准战略在2000年发布时被称为《美国国家标准战略》(National Standards Strategy)，2005年时更名为《美国标准战略》(USSS)并沿用至今。

略，从而确保可以满足美国当前各利益相关方的需求，并反映技术进步、新兴重点领域、国家和国际优先事项，以及美国政府相关政策的新动向。从首版至今的 20 多年间，美国标准虽然从内容上根据不同时期的形势发展需要有所调整，但均强调了美国的标准化活动遵循 WTO《技术性贸易壁垒协定》（TBT 协定）附件 3 所规定的"关于制定、采用和实施标准的良好行为规范"的原则，这些原则性要求与美国标准正当程序性要求一致，也是 ANSI 认可民间标准的依据[①]。

目前的最新版本战略是《美国标准战略 2020》。回顾美国标准战略二十多年的发展历程，可以梳理出美国根据其国家利益相关重点优先事项的变化和其标准战略的脉络和走向。在一定程度上，美国的标准战略源于 1995 年世界贸易组织（WTO）的成立。遵循"新自由主义"而建立的 WTO 要为自由投资与自由竞争塑造全球性的均质化空间，通过提供统一的、普遍的、深度的经贸性法律框架，扫除一切有碍资本自由流动的因素[②]。在 WTO 规则体系中，《技术性贸易壁垒协定》（TBT 协定）确立了标准、技术法规、合格评定程序作为非关税壁垒的重要地位。这三者中，标准是技术法规以及合格评定程序制定和实施的依据，是核心和基础，成为 WTO 框架下最重要的国际贸易游戏规则。适应这种国际贸易规则变化的首要任务就是建立与之相协调的国家标准化体系基本规则和政策体系，并且制定配套的中长期战略规划来确保标准化宏观政策的连续性、稳定性可持续性。

---

① 本段摘自 ANSI 政府关系与公共政策副总裁玛丽·桑德斯（Mary Saunders）于美国东部时间 2022 年 3 月 17 日上午在美国众议院科学、空间和技术委员会听证会上所做的题为"制定标准：加强美国在技术标准领域的领导地位"的证词 House Committee on Science, Space and Technology. Written Testimony of the American National Standards Institute before the United States House of Representatives Committee on Science, Space, and Technology Research and Technology Subcommittee Hearing: "Setting the Standards: Strengthening U.S. Leadership in Technical Standards" [EB/OL]. (2022-03-17)[2025-01-15]. https://democrats-science.house.gov/imo/media/doc/Saunders%20Testimony.pdf.
② 余盛峰. 从 GATT 到 WTO：全球化与法律秩序变革[J]. 清华法治论衡，2014（1）：92-103.

基于这样的背景，1998年，美国标准高峰会议提出需制定国家标准战略。随后，美国政府、企业界及多个标准制定组织的代表共同组成了战略制定小组，并在ANSI的主导下，于2000年8月正式发布了第一版《美国国家标准战略》，其中详细列举了12项关键行动计划。

2005年，《美国国家标准战略》（National Standards Strategy）正式更名为《美国标准战略》（United States Standards Strategy，USSS）。这次更名将"national"一词去除，以淡化美国国家色彩。根据ANSI的解释，此次更名体现了"标准应被用于满足利益相关者需求，而不受国界的影响"[1]的原则。这一表述强调了标准的普适性与中立性，意味着标准应当超越国界，不受地域和政治因素的限制。然而，随着时间的推移，这些原本应秉持中立与普适性原则的标准，却逐渐被美国政府用于政治斗争的场合。这无疑背离了自愿性标准战略的初衷，给国际标准体系带来了一定的挑战。

后续版本虽有所改动，但总体来说其核心理念并无变化。ANSI总裁兼首席执行官乔·巴提亚（Joe Bhatia）曾公开评价："USSS持续反映了美国标准体系的稳定性和灵活性，考虑了行业和政府的多样化需求，并构建了美国标准体系未来的愿景，对美国在全球经济中的竞争力至关重要[2]。"

目前，该战略所包含的12项核心措施，在国内层面，着重于提升美国标准体系的综合实力，包括加强政府部门参与制定和使用标准；持续解决环境、健康、安全和可持续性发展问题；保护消费者利益；

---

[1] American National Standards Institute (ANSI). United States Standards Strategy (USSS)–2005 Edition[EB/OL]. (2005-12-08) [2025-01-15]. https://share.ansi.org/shared%20documents/standards%20activities/international%20standardization/regional/standards%20portal/usss-2005-final.pdf.
[2] American National Standards Institute (ANSI). New Edition of the United States Standards Strategy Supports U.S. Competitiveness, Innovation, Health and Safety, and Global Trade[EB/OL]. (2021-01-06) [2025-01-15]. https://www.ansi.org/standards-news/all-news/2021/01/1-6-21-new-edition-of-the-united-states-standards-strategy.

鼓励政府以标准支撑监管需求；更有效和及时地制定和推广标准；提高标准活动的合作性和一致性；提高全社会的标准化意识和能力；尊重美国标准体系的多样化融资模式；解决美国新兴重点领域对标准的需求。而在全球层面，则致力于推广国际公认的标准制定原则；防止标准成为技术性贸易壁垒；有计划地向全球推广美国标准的价值观[①]。

二、国内：持续完善标准的生态圈

正如 2010 年时任 NIST 主任帕里克·加拉格尔（Patrick Gallagher）在 USSS 序言中所说："标准化可以增强创新和竞争力。在瞬息万变的全球经济竞争中，美国能占据领先地位与我们在制定和有效使用标准及标准化程序中的领导力密不可分[②]。"美国标准战略强调完善标准体系、提高政府参与度、培育标准人才队伍、与时俱进以满足市场需求、维护国家安全，旨在构筑美国标准化完整的生态系统。

（一）巩固美国标准体系基石

美国标准战略强调了美国标准化活动应遵循的三大原则[③]：

（1）灵活性：允许使用不同的方法来满足提供产品、技术和服务的各类行业的需求，在跨界情况下，优先满足各行业的共性技术需求。

（2）时效性：制定的标准应具有时效性以符合市场预期。

（3）平衡性：平衡所有相关方的利益。

在时效性原则的指导下，美国通过运用信息化技术，开发各类在线协作工具，提升标准制定效率。美国标准战略中则具体细化为优化

---

① American National Standards Institute (ANSI). United States Standards Strategy (USSS)–2020 Edition[EB/OL]. (2020–12–09) [2025–01–15]. https://share.ansi.org/Shared%20Documents/Standards%20Activities/NSSC/USSS-2020/USSS-2020-Edition.pdf.
② American National Standards Institute (ANSI). United States Standards Strategy (USSS)–2010 Edition[EB/OL]. (2010–12–02) [2025–01–15]. https://share.ansi.org/shared%20documents/Standards%20Activities/NSSC/USSS_Third_edition/USSS%202010-sm.pdf.
③ 三大原则节选自 ANSI 政府关系与公共政策副总裁玛丽·桑德斯（Mary Saunders）所做的题为"制定标准：加强美国在技术标准领域的领导地位"的证词。

工作流程、增强需求反馈、推广美国标准实践以及建立数据库四个实施举措。当前，为了汇聚全球智力资源，《美国标准战略》（2020 版）特别新增"标准制定者要继续实施一致的程序来验证有关翻译，并促进标准在全球的快速传播"。此举将翻译责任从标准使用者转向标准制定者，可以有效减少因翻译产生的误解和歧义，帮助美国本土外的用户更好地理解和使用美国标准。此外，战略还强调 ANSI 下一步应注重培养数字化工具应用方面的专业人才。

在灵活性和平衡性方面，《美国标准战略》推崇在合作方法上的灵活性和多样性，以实现协商一致。时任 NIST 主任雷蒙德·卡默（Ray Kammer）于 2000 年的发表《标准在当今社会和未来的作用》（*The Role of Standards in Today's Society and in the Future*）中曾提到，"没有一种简单的方法可以满足所有需求。美国标准战略为美国标准体系内外提供了指导、一致性和灵感，却不会限制创造性或有效性"[①]。这些举措包括：优化 ANSI 审查工作流程避免标准冲突，强化 ANSI 与标准制定组织的合作以消除冗余，并开展多方合作、外部合作确保标准一致性等。2020 年版《美国标准战略》对于合作的功能定位则从"解决标准重复和冲突"上升为"应对竞争和创新的需要"，提出应在充分对话的基础上，发掘确保标准化程序有效性和连贯性的关键措施，以提升产品、流程和体系之间的互操作性，推动创新。

（二）提升政府对于标准化活动的参与度

从历次《美国标准战略》版本中，可以看出政府部门对于标准化活动的参与度持续提升，这种变化趋势可以概况为：以国家优先事项为导向，实现参与方式精细化、参与领域精准化。首版《美国标准

---

① National Institute of Standards and Technology (NIST). The Role of Standards in Today's Society and in the Future[EB/OL]. (2000-09-13) [2025-01-15]. https://www.nist.gov/speech-testimony/role-standards-todays-society-and-future.

战略》发布于 2000 年，在这之前，《1995 年国家技术转让和促进法》（NTTAA）和 OMB A-119 号文相继于 1996 年和 1998 年正式出台，其作为美国标准化体系的基本法律和配套实施措施，对于政府参与标准化活动的基本要求和形式已经做了较为细致的规定。因此，2000 年首版和 2005 年第二版《美国标准战略》仅提出一些原则性要求，如公私部门应协同合作，以更好地协调政府需求与行业利益。在此期间，ANSI 与 NIST、美国联邦通信委员会（Federal Communications Commission，FCC）等政府机构紧密合作，通过实施各类项目、加大宣传力度以及建立新程序等举措，有效促进了公私部门间的沟通与合作。

《美国标准战略》（2010 版）则开始关注联邦机构对于标准化活动的参与问题。其在导语中分析了美国标准化面临的形势，强调政府参与标准化活动的重要性有以下几点。

（1）公共和私营部门在制定全球标准方面的投入将直接影响经济的繁荣。

（2）在标准研制方面应提高效率并降低成本，以消除重复并最大限度地发挥美国标准化体系的优势和效益。

（3）各级联邦机构应为遵循国际公认的原则而制定的自愿共识标准投入资源。

（4）国土安全、智能电网、医疗保健、能源效率、纳米技术和网络安全等新兴领域的标准化工作关乎国家利益，需要为政府和民间标准组织创新合作模式，以保持国家竞争力。

（5）美国政府作为民间标准的使用者，应继续加强联邦机构参与标准化活动的协调工作的力度。

为了回应《美国标准战略》（2010 版）关于政府部门参与标准化活动的要求，美国国家科学技术委员会（NSTC）于 2011 年 10 月发布

《联邦政府参与标准活动以解决国家优先事项》(*Federal Engagement in Standards Activities to Address National Priorities Background and Proposed Policy Recommendations*),指出在事关国家优先事项的特定领域,如网络安全、医疗信息化、智能电网和公共安全通信等领域,美国联邦政府应处于领导或协调地位,与民间标准制定机构共同开展工作,并明确了参与策略和原则(具体内容详见第一章第三节)。

《美国标准战略》(2015 版)则呼吁加强民间标准的协调者——ANSI 与标准制定组织、政府及行业的合作,以解决在标准版权保护、标准必要专利、被法规引用标准的公开性方面存在的问题。

《美国标准战略》(2020 版)强调了从中央到地方各级政府应参与标准化活动。除美国联邦政府外,从联邦、州,再至地方政府均被明确要求应积极参与标准化活动。不仅如此,战略对政府参与制定自愿性标准措施的表述进行了扩展,指出"政府应与私营部门合作,解决与标准有关的共同需求,并尽可能地积极参与标准的制定,以满足这些需求。在相关情况下,还应争取加强各部门和组织之间的协调"。

(三)培育标准化人才梯队

标准化教育是历次版本美国标准战略贯穿始终的重要议题。特殊的是,2015 年版美国标准战略开始关注 K-12 阶段的学生,即相当于我国幼儿园至高三年级的学生群体的标准化教育[1],通过向这一年龄段青少年普及标准的概念等基础知识,可以激发他们在未来就学就业过程中持续保持对标准化的关注,甚至投入标准化事业。

2020 年版战略首次提出构建"高水平标准化队伍"。在这一目标下,强调"标准化教育主体"应覆盖所有与标准化活动相关的方面,

---

[1] 于连超,王益谊. 美国标准战略最新发展及其启示 [J]. 中国标准化,2016(5):89-93.

包括但不限于标准制定者、工业界、学术界、ANSI，以及政府等，并要求这些主体共同合作，积极开发并不断完善标准化教育计划。同时设定了明确的"标准化教育方向"，旨在帮助公众进一步认识美国标准化体系，了解标准化对于美国经济和社会发展的重要意义，强化对于标准化的认同感。此外还明确了各类"标准化教育需求"，针对行业管理者、参与标准制定者、标准实施者、大学生、青年、初级专业人员以及其他对标准化有兴趣的各方，提出了因材施教的教育策略，旨在确保每一类人群都享有相应的标准化教育资源。为了更凸显标准化教育的必要性和重要性，2020年版战略在2015年版战略的基础上，对标准化教育部分做了重大调整，这也是在12项实施措施中，调整幅度最大的一项措施①。

（四）关注新兴技术领域的标准化

首版《美国标准战略》处于探索阶段，对于新技术的考量尚显不足。2005年第二版战略则明确提出"满足支持国家新兴和优先事项的标准需求"的实施措施，这也是之后历次版本强调的重要原则。如2010年版战略则明确提及国土安全、智能电网、医疗保健、能源效率等领域。纵观历次版本美国标准战略，以国家安全和国际竞争力为优先级的导向性愈发鲜明。在ANSI推动战略落地的具体实践中，推动纳米技术、能源效率、网络安全等重点领域布局；在新冠疫情之后，则对公共卫生领域的标准化加大了关注力度。

为实现"满足支持国家新兴和优先事项的标准需求"的实施措施，每一版标准战略修订，都会对上一版实施情况和发展趋势进行重新审视，提出相应举措，包括推动政府与民间标准组织加强合作；ANSI协调各方利益相关方，识别并满足新兴技术领域标准化的新需求。

---

① 陈俊华，胡关子，赵文慧. 2020版美国标准战略变化研究［J］. 标准科学，2021（3）：24-29.

三、国际：以标准维护美国利益

美国长久以来一直致力于积极推广其标准价值观，将布局国际标准视为维护美国利益的重要手段。1998年9月，美国商务部副部长罗伯特·L.马利特（Robert L. Mallett）在美国标准峰会上指出："今天，美国是世界上最多产的出口国、最强有力的竞争者和最佳创新者。然而，我们的领导地位正在被挑战，因为我们没有充分关注国际贸易的重要细节：测量、标准和实验室认证[①]。"他要求私营部门在ANSI的领导下开发一种有效的方法，为美国企业创造公平的国际竞争环境，推进国际标准的制定并加强美国与外国的技术合作。

随着国际科技竞争的加剧，标准作为国际经贸和科技竞争战略制高点的地位逐步上升，美国标准战略对外方针在20年间的发展趋势可以概括为以下几点：

第一，由"加大国际标准化工作力度"转变为"制定标准原则以达成国际共识"。美国倡导制定国际标准六大原则，并将这套原则贯穿于整个美国标准化体系，包括对于美国标准的批准、民间标准组织的认可、对于国际标准的认定，从而整合政府部门、民间标准组织、企业、消费者等各个利益方的资源，实现与国际标准化规则的互相兼容，从而帮助美国业界开拓海外市场。

第二，战略重心从"协调国际标准与法规关系"转变为"防止标准及其实施成为美国产品和服务的技术性贸易壁垒"。美国标准战略要求美国政府、美国产业及私营部门必须遵守WTO/TBT协定，消除潜

---

① National Institute of Standards and Technology (NIST). Industry, Standards, Government Leaders Call U.S. Standards Strategy Vital To U.S. Economic Growth, Global Competitiveness[EB/OL]. (1998-09-24) [2025-01-15]. https://www.nist.gov/news-events/news/1998/09/industry-standards-government-leaders-call-us-standards-strategy-vital-us.

在影响，并确保其行为符合全球贸易需求。

第三，也是最重要的，美国标准战略提出要加强全球推广，使全球的企业、消费者和全社会对美国自愿性标准加深认识和理解，进而认可和接受美国标准；鼓励各方积极参与国际论坛，推动国际对话，并通过远程和网络等方式进行参与，以扩大美国标准的影响力。

第二节　从战略到立法

一、标准：制胜未来的优先事项

体现美国意识形态的外交政策和基于单级思维的全球战略使美国形成了独特的国家安全观，即美国必须成为全球经济规则的制定者、解释者和裁决者，主导全球化的运行规则[①]。随着"冷战"（1947—1991年）终结，美国对国家安全的外延认知进行了扩展，将其作为一个宽泛并具有延伸性的概念，凡是涉及国际利益和公共安全的问题，都属于美国国家安全问题[②]。特别是随着近年来新兴经济体的崛起，使美国对于其保持全球科技领先地位产生了危机感。在这一背景下，美国认为一旦其丧失了高技术的领导地位，将会对美国的国家经济安全及其国民的生活水准产生消极影响，而如果这一趋势持续下去，更将会导致美国"创新生态系统"的崩溃[③]。标准与科技存在密不可分的关联性，这就使得近年来美国的标准战略正在成为其国家科技安全战略的重要组成部分。

---

① 王达，李征. 美国对华科技竞争战略与中国数字经济创新发展研究[M]. 北京：世界知识出版社，2023：64.
② Gross O, Ni Aolain F. Law in times of crisis: emergency powers in theory and practice[M]. New York: Cambridge University Press, 2006.
③ 赵中建. 创新引领世界美国创新和竞争力战略[M]. 上海：华东师范大学出版社，2021：41.

《美国标准战略》（USSS）与美国政府的其他战略一样具有国家大战略的总体构思[①]，即基于内外战略环境与自身行事原则，对维护"美国标准"优先的路径予以规划，并依照该路径调动所有资源付诸行动，具有高度外向性和全球性特征。然而，面对日益激烈的国际科技和标准竞争，以及美国政府对于保持其全球标准领导地位的迫切心态，美国国家标准学会（ANSI）的民间机构属性使 USSS 缺乏足够的号召力和强制实施力，仅仅依靠民间力量无法调动足够的资源来实现其目的。针对这个潜在的问题，美国总统行政办公室下属的三个机构——预算管理办公室、美国贸易代表办公室、科技办公室签署了《致行政部门和机构负责人的备忘录：解决国家优先事项的联邦参与标准活动的原则》(*Memorandum for the Heads of Executive Departments and Agencies: Principles for Federal Engagement in Standards Activities to Address National Priorities*)，强调对于国家优先事项标准化活动，联邦机构应积极参与或发挥召集人的作用，加快推进标准的制定和实施，从而推动技术进步，提升行业竞争力。该备忘录提出了联邦机构参与国家优先事项标准化活动的建议步骤：

第一步：明确指出在处理国家优先事项时由标准产生的问题和挑战。

第二步：尽可能详细、准确地描述所要实现的目标。

第三步：基于科学数据理性分析何种原因导致了标准方面的不足，以及需要采取何种措施来补齐短板。

第四步：在本部门的行政资源范围内，承诺提供技术支持，以实现既定目标。

[①] 杨楠.霸权的惯性：美国国家安全委员会与美国国际战略[M].北京：社会科学文献出版社，2022：10-14.

以备忘录中提及的医疗和清洁能源领域的成功实践为例,《美国创新战略》(Strategy for American Innovation)[①],将医疗卫生技术突破和促进清洁能源发展作为国家优先事项,两者都需要尽早确定并推广互操作性标准作为技术基础,以降低投资风险。依靠民间力量显然难以在短时间内实现互操作性标准的推广应用,因此联邦政府在国会的指导下,发挥召集人的作用,建立了政府和国内外各类私营机构的合作关系,在短期内实现了这一目标。

时至今日,这套方法论仍然指导着联邦机构参与标准化活动,以实现国家优先事项的战略目标。美国白宫于2024年7月发布的《关键和新兴技术国家标准战略实施路线图》也援引了这份备忘录的原则,并遵循上述方法论提出了具体的实施措施。

此外,美国对于标准的战略性关注领域具有明显的倾向性。从近年美国政府颁布的各类涉及标准的政策文件中发现,这些领域时而称为"未来产业",时而称为"新兴技术",时而又称为"国家优先事项",但其内涵是一致的,无论其采用何种名词均指向同一目标,即主导科技和产业发展方向的关键技术。

另有一个高度一致之处,就是这些战略的竞争对象毫无疑问是中国。在技术的推动下,国家间的战略竞争重点已经从终端产品的竞争,转向全球价值链的关键节点竞争。随着中国在第四次工业革命浪潮中快速崛起,无论是全球产出供应链还是投入需求链,近年来中国在全球价值链中的位置均有所上升,并在部分高端价值链环节逐步取得优势[②]。中美货物贸易巨额贸易逆差和中国科技发展使美国感到了竞争压

---

① 2009年,奥巴马政府首次发布了《美国创新战略》(Strategy for American Innovation),目前最新版本为2015年版。
② 彭水军,吴腊梅.中国在全球价值链中的位置变化及驱动因素[J].世界经济,2022(5):3-28.

力，认为其在关键技术领域的霸主地位受到了挑战[1]。在这一背景下，2018年，时任美国总统特朗普签署对华贸易备忘录，挑起中美经贸摩擦。

除了双边贸易领域，美国在科技领域也明显加强了国家干预，意在遏制中国科技发展。也是在2018年，美国首先在人工智能和信息技术领域出台政策，将人工智能、量子信息和5G通信列为国家研发重点领域，宣布投入10亿美元建立人工智能和量子研究机构。同年12月，美国出台《国家量子倡议法案》，在白宫建立国家量子协调办公室，并要求美国国家标准与技术研究院（NIST）确定未来的测量、标准、网络安全以及其他需求，以支持量子信息科学和技术产业的发展。

2019年2月，美国白宫发布《美国将主导未来产业》（*America Will Dominate the Industries of the Future*）报告，首次在政府文件中明确提出未来产业的概念和范畴，强调美国将主宰四大未来产业——人工智能、先进制造、量子信息技术和5G通信[2]。此后，特朗普政府先后出台一系列法案或行政命令，重点关注人工智能和通信网络领域。最为典型的法案和行政令包括：《关于确保美国在人工智能领域领导地位的行政命令》（*Executive Order on Maintaining American Leadership in Artificial Intelligence*），要求美国必须推动适当的技术标准的发展，减少对人工智能技术安全测试和部署的障碍；《2020年5G安全和超越法案》（*The Secure 5G and Beyond Act of 2020*），要求美国行政部门制定5G网络的安全策略，并同步发布了《5G安全国家战略》（*National Strategy To Secure 5G of the United States of America*），制定了保护5G

---

[1] 余南平，廖盟. 全球价值链重构中的国家产业政策——以美国产业政策变化为分析视角[J]. 美国研究，2023（2）：74-99.
[2] The White House. America Will Dominate the Industries of the Future[EB/OL]. (2019-02-07) [2025-01-15]. https://trumpwhitehouse.archives.gov/briefings-statements/america-will-dominate-industries-future/.

基础设施安全的框架;《关于促进在联邦机构中使用可信赖的人工智能的行政命令》(Executive Order on Promoting the Use of Trustworthy Artificial Intelligence in the Federal Government),要求各联邦机构使用由业界参与制定的自愿协商一致标准;《信息技术现代化卓越中心计划法案》(Information Technology Modernization Centers of Excellence Program Act),要求总务管理局(GSA)启动信息技术现代化卓越中心计划,以促进联邦机构采用现代技术。

2020年6月,美国参众两院首次提出了有关国际标准的法案——《确保美国在国际标准上的领导地位法案》(Ensuring American Leadership over International Standards Act),其内容包括以中国为竞争对象评估中国在国际标准中的地位和影响,以及美国提升国际标准领导力的相关措施。

2020年11月,美国国会两党合作的中美科技关系工作小组发布《应对中国挑战:美国的科技竞争新战略》(Meeting the China Challenge: A New American Strategy for Technology Competition),提出了16项政策建议,涵盖基础科学研究、5G数字通信、人工智能和生物技术四个主要领域。该报告认为,过去美国政府所采取的政策对美国参与制定全球技术标准的制定有潜在的负面影响,如出口管制导致美国在5G数字通信标准制定中参与度较低,降低了美国在确定5G产品采用的算法和技术要求方面的影响力。报告提出,美国必须在关键的国际机构中进行高级别外交,鼓励私营部门,尤其是小微企业,以及推动美国政府和主要标准机构参与国际标准制定,明确指出要"重建美国在全球技术标准制定方面的领导地位"[①]。

---

① COWHEY P, Working Group on Science and Technology in U.S.-China Relations.Meeting the China Challenge: A New American Strategy for Technology Competition[R/OL]. (2020-11-16)[2025-01-15]. https://china.ucsd.edu/_files/meeting-the-china-challenge_2020_report.pdf.

2021年1月，拜登上任伊始，美国总统科技顾问委员会向新一届政府提交的首份报告《未来产业研究所：美国科学与技术领导力的新模式》(Industries of the Future Institutes: A New Model for American Science and Technology Leadership)，将2019年提出的四个未来产业扩大到五个，明确提出围绕人工智能、量子信息科学、先进制造、先进通信网络和生物技术五大未来产业，将未来产业研究所作为一种新型创新主体，通过多部门协作、多元化投资、跨领域整合研究平台，实现多元参与、公私共建、市场化运营，从而促进基础研究和应用研究到新技术产业化的全链条发展[1]。

2021年拜登政府上台，成为美国各类科技创新政策的分水岭。之前的政策关注焦点主要集中在如何提升美国的科技和标准全球竞争力，之后的政策则更多地关注如何遏制中国科技发展。

2021年3月，美国参议院提出了《民主技术合作法案》提案，旨在发展"民主国家"间的技术合作伙伴关系，共同制定全球技术规则、标准和协议，并拟在人工智能、5G、半导体芯片制造等重点技术领域投入50亿美元，展开与中国的竞争[2]。

2021年4月，美国参议院通过《2021年战略竞争法案》，认为中国所推行的政策支持中国企业采用独特的技术标准而非全球公认标准，迫使外国企业改变其产品和制造链[3]。

2021年6月，美国提出《2021年创新和竞争法案》[4]，明确提出三

---

[1] The President's Council of Advisors on Science and Technology. Industries of the Future Institutes: a new model for American Science and Technology Leadership, A Report to the President of the United States of America[EB/OL]. (2021-01-01) [2025-01-15]. https://science.osti.gov/-/media/_/pdf/about/pcast/202012/PCAST---IOTFI-FINAL-Report.pdf?la=en&hash=0196EF02F8D3D49E1ACF221DA8E6B41F0D193F17.
[2] 王达，李征. 美国对华科技竞争战略与中国数字经济创新发展研究[M]. 北京：世界知识出版社，2023：243.
[3] 申怡旻，戴宇欣，谭娜. 美国在未来产业的行动及标准化研究[J]. 标准科学，2022（9）：25-29.
[4] 该法案内容最终并入了2022年发布的《芯片和科学法》。

方面要求：一是要优先考虑为新兴技术制定标准，确定制定新兴技术标准的组织，确保美国利益相关方的领导地位；二是要识别和评估阻碍美国政府专家参与国际标准化活动的障碍，确保长期参与的战略和战术，加强与相关方及盟友之间的信息共享；三是增强美国在国际标准制定机构中的代表权，特别指出了在第五代和下一代移动通信系统，以及基础设施国际标准制定机构中保持参与和领导地位①。

2022年8月，美国总统拜登签署了《芯片和科学法》(CHIPS and Science Act)，对关键技术领域标准化给予高度支持，并首次明确NIST在美国国际标准化工作中的职能并扩大了其职责范围。

2022年10月，美国白宫发布《国家安全战略》(National Security Strategy)，概述了本届政府将如何利用"决定性的十年"促进美国重要利益，应对地缘政治竞争。报告所提及的"美国的全球优先事项"就涵盖了标准化，具体包括提出"在全球范围内与各国际机构接触时，深化与志同道合国家的合作，制定更高的标准供其他国家效仿""召集'志同道合'的参与者，共同推进国际技术生态系统，维护国际标准制定的完整性，并提高美国的竞争力"②。

2023年3月，美国白宫发布《国家网络安全战略》(National Cybersecurity Strategy)，详细阐述了保障美国网络空间和数字生态系统安全的战略目标以及综合实现方法。该战略指出，下一代技术正在加速成熟，为创新开辟了新的途径，也更依赖于数字技术。为了帮助应对网络安全威胁、确保数字未来的安全，战略参考了标准制定组织（SDO）的意见，强调利用标准来支持更安全、更具弹性的技术。

---

① U.S. Congress. S.1260-United States Innovation and Competition Act of 2021[EB/OL]. (2021-04-20) [2025-01-15]. https://www.congress.gov/bill/117th-congress/senate-bill/1260.
② The White House. National Security Strategy[EB/OL]. (2022-10-12) [2025-01-15]. https://www.whitehouse.gov/wp-content/uploads/2022/11/8-November-Combined-PDF-for-Upload.pdf.

2023 年 5 月，美国政府首次发布最高级别的标准化国家战略——《美国政府关键和新兴技术国家标准战略》(United States Government National Standards Strategy for Critical and Emerging Technology)。这份战略是美国围绕新兴技术领域标准化一系列立法、政策和举措的延续、总结、自我完善和对未来的展望，是美国政府在关键和新兴技术领域的标准化行动纲领，强调了标准对于美国的重要性，提出美国政府将围绕投资、参与、劳动力、完整性与包容性四个战略目标，进一步加强在关键和新兴技术领域（CET）标准的投入，并提升在国际标准中的主导地位。该战略由美国国家安全委员会、美国国家标准与技术研究院（NIST）牵头制定，并由 NIST 领导实施。

综上，这一系列的政策（图 3-1）体现了美国以自身竞争力优先为准则的具有一定进攻性的政策取向持续升温[1]，并在一定程度上表明，美国已经将标准视为其维持其全球统治地位的关键优先事项之一。

二、《芯片和科学法》：对标准投资

2022 年 8 月，美国总统拜登签署了《芯片和科学法》。该法提出了一项广泛的国家战略，通过确保半导体和其他关键和新兴技术的弹性供应链，维护和加强美国的国家安全，其中包含了大量标准化相关的条款，旨在解决美国在国内和国际标准制定过程中所遇到的问题，维护科技领先地位。从这部法律的动因来看，全球芯片短缺是推动美国谋划芯片政策的直接动因，而美国在芯片产业中的优势流失和日趋激烈的芯片技术竞争则是坚定美国部署实施芯片政策的深层次动因[2]。在美国学术界则认为，由于地缘政治环境加剧，标准发展空间也是美国

---

[1] 郑凯捷. 新一轮全球竞争下产业政策演变趋势及挑战应对［J］. 上海企业，2023（7）：27-33.
[2] 张心志，侯云溪. 美国芯片政策的战略布局：动因、措施与启示［J］. 科技管理研究，2023，43（16）：39-44.

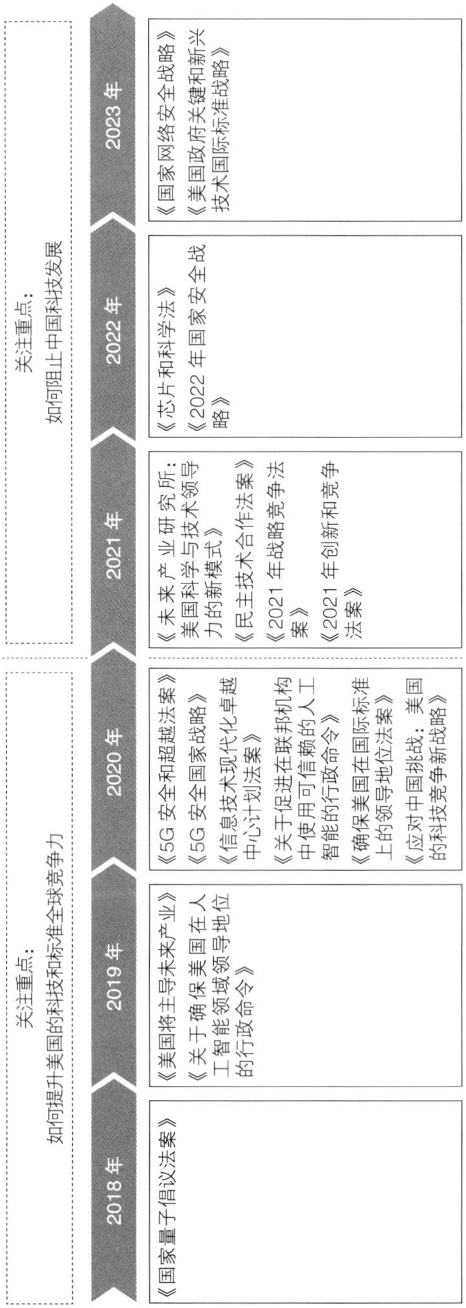

图 3-1 美国在科技领域的一系列政策

关注重点：如何提升美国的科技和标准全球竞争力

- **2018 年**：《国家量子倡议法案》
- **2019 年**：《美国将主导未来产业》《关于确保美国在人工智能领域领导地位的行政命令》
- **2020 年**：《5G 安全和超越法案》《5G 安全国家战略》《信息技术现代化卓越中心计划法案》《关于促进在联邦机构中使用可信赖的人工智能的行政命令》《确保美国在国际标准上的领导地位法案》《应对中国挑战：美国的科技竞争新战略》

关注重点：如何阻止中国科技发展

- **2021 年**：《未来产业研究所：美国科学与技术领导力的新模式》《民主技术合作法案》《2021 年战略竞争法案》《2021 年创新和竞争法案》
- **2022 年**：《芯片和科学法》《2022 年国家安全战略》
- **2023 年**：《国家网络安全战略》《美国政府关键和新兴技术国际标准战略》

的一个重要的优先事项，可以通过投资于更大的公共利益（标准）来平衡过度的自由市场竞争问题[1]。

《芯片和科学法》由"芯片""研究和创新"等部分组成，在2023—2027年的5年内提供高达2 800亿美元的财政补贴，主要用于芯片研发、制造和劳动力发展，推动芯片产业链回流，以及关键技术领域科研与创新[2]。其中，"研究和创新"系统阐述了美国将重点支持的标准化活动及相应措施。可以认为，《芯片和科学法》就是一个美国版的"五年规划"，政府主导、试点推进、系统策划、重点突破等耳熟能详的词语是其典型特征。以《芯片和科学法》出台为基石，美国的芯片战略已显出全貌，整体上沿用"投资、联合、竞争"三原则作为芯片战略的三大支柱[3]，加强对华战略竞争。

在一定程度上，这部法律反映出美国政府进一步提升了标准的战略定位，政府在标准化活动角色定位也在悄然变化，可以归纳为：政府可以通过加大对标准化的参与和支持力度，对优先事项领域的标准制定施加影响，以实现政策目标，如为基础研发提供更广泛的支持，使私营企业可以从基础研发出发，刺激创新和标准制定；就可能影响独立标准制定过程的公共目的考虑提供指导，如安全、公平市场准入和国家安全；在其管辖范围内的公共采购过程中采用具有约束力的标准，从而促进在其他场合中使用标准等。因此，《芯片和科学法》重点支持研究创新与标准制定的协同，重点资助生物工程、网络安全、人工智能、量子信息科学及先进通信技术等关键技术领域的标准化活动（图3-2）。

---

[1] Vaidyanathan S, Thapa A, Trzcinski A, et al. Delivering on the Promise of CHIPS and SCIENCE: Standard Setting: Process, Politics, and the CHIPS Program[EB/OL]. (2023–06) [2025–01–15]. https://www.belfercenter.org/publication/standard-setting-process-politics-and-chips-program.
[2] U.S. Congress. H.R.4346 – CHIPS and Science Act[EB/OL]. (2021–07–01) [2025–01–15]. https://www.congress.gov/bill/117th-congress/house-bill/4346.
[3] 王靖元. 拜登政府的芯片战略及其影响研究［D］. 北京：国际关系学院，2023. DOI: 10.27053/d.cnki.ggjgc.2023.000011.

图 3-2 《芯片和科学法》标准研制领域

（1）生物工程：涉及生物工程和生物计量学基础设施相关的技术标准；生物识别系统最佳实践、技术标准及标准参考物质；高风险生物识别系统性能标准、数据库标准和指南。

（2）网络与信息安全：主要包括网络和隐私相关的技术标准、软件安全与认证标准；身份管理技术标准、最佳实践、基准、方法、计量学等研究计划；软件生命周期安全标准和良好行为规范。

（3）量子网络和通信技术：这是该法研究、创新与标准化的重点领域。其主要包括：联邦政府与私营部门建立伙伴关系和合作计划，共同参与相关国际标准制定，制定国际标准优先清单；向相关联邦机构提供成熟量子技术的技术审查协助，以支持开发量子网络基础设施标准；推动量子网络、通信、传感技术及应用的研发和标准化；将量子信息科学、工程和标准整合到科学、技术工程和数学教育（Science、Technology、Engineering、Mathematics，STEM）课程中等。

（4）人工智能：主要针对人工智能系统准确性、可解释性、隐私性、可靠性、安全性等方面的技术标准。

（5）微电子：推进国家标准与技术研究所的微电子研究项目，提高测量科学、标准、材料特性、仪器、测试和制造能力。

（6）其他前沿技术：该领域标准包括温室气体测量计划相关标准、航空航天领域超音速陆上飞行噪声标准等。

可以说，这部法律在一定程度上修正了美国以往将公共研发投入于基础研究，应用研究则交由市场主体的传统做法，开始将前所未有的庞大资金支持投入标准化这一技术与应用相结合的关键领域。在政府的高额公共研发投入资助下，英特尔[1]、高通[2]等大型高科技公司，可以围绕以上所提及的重点领域，通过密集的竞争前研发、标准预研究和参与标准组织或标准制定，为标准流程提供输入，并推动全球半导体产业链和创新网络实现"美国中心化"。

值得关注的是，这部法律除了外界最为关注的对于半导体产业链的巨额补贴和相关的"围栏规则"外，还明确了美国科技领域标准化活动顶层设计和基础建设规划，其中最为关键的制度安排就是扩大了NIST的职能，具体包括：

（1）明确规定NIST在国际标准制定中的召集人和联邦协调员角色，进一步加强NIST对标准能力建设的支持，并将制订资助小企业、非营利组织和大学参与国际标准制定的试点计划。

（2）要求NIST建立民间标准制定组织资助计划，对民间标准组织制定、批准、传播、维护和审查标准给予拨款。

（3）资助NIST与国际组织及其他国家的机构推进测量方法、技术标准和相关基础技术方面的合作，并向在NIST从事科学或工程工作或

---

[1] Intel Corporation. U.S. Securities and Exchange Commission FORM 10-K Intel Corporation Annual Report Pursuant to Section 13 or 15 (d) of the Securities Exchange Act of 1934 for the fiscal year ended December 31, 2022 (Commission File Number 000－06217)[R/OL]. (2023－01－26) [2025－01－15]. https://www.intc.com/filings-reports/annual-reports/content/0000050863-23-000006/0000050863-23-000006.pdf.
[2] Qualcomm. The Essential Role of Technology Standards: Driving Interoperability, Ecosystem Development, and Future Innovation[EB/OL]. (2020－09－01) [2025－01－15]. https://www.qualcomm.com/content/dam/qcomm-martech/dm-assets/documents/draft_messaging_-_qualcomm_standards_leadership_web.pdf.

参与科技交流的外国人提供资助或支持。

（4）要求 NIST 向国会报告其与联邦政府部门合作时遇到的挑战、拨付的经费、受影响的项目，以及与拨款相关的其他活动和事务经费使用情况。

（5）推动区域和产业创新，包括建立区域技术与创新中心项目，鼓励各级政府部门、高等教育机构、行业组织、企业和社区等各方开展新的建设性合作，促进广泛的区域创新。

（6）扩大 NIST 的监督范围，设立了两个办公室来实现其职能。一是芯片计划办公室，负责激励制造业；二是芯片研发办公室，负责促进基础研究和行业交流，促进标准研发，并负责管理国家半导体技术中心（NSTC）、国家先进封装制造计划、建立三个新的美国制造研究所以及 NIST 计量和标准计划等[①]。

在标准化基础建设方面，该法提出了包括吸引人才、加强劳动力培训、建立国际标准化试点计划、弥补市场失灵等内容。

2024 年，NIST 依据《芯片和科学法》提出的 2030 年芯片研发目标和有关标准工作的指导原则，并结合《美国政府关键和新兴技术国家标准战略》，发布了"美国芯片计划"标准路线图概要。该路线图旨在构建"一个充满活力的微电子标准生态系统，在实现创新方面更智能、更快、更包容、更敏捷"，提出专注于战略重点领域、开放和加快标准创新渠道、加强与盟友合作等 6 项使命，以及标准与创新步伐协同、标准赋能全球市场、标准制定中的职业机会教育等 6 个预期结果。NIST 在发布该路线图概要的同时，广泛召集政府、行业、标准、研究和企业等各个相关方共同研讨关键实施措施，

---

① U.S. Department of Commerce. CHIPS for America Outlines Vision for the National Semiconductor Technology Center[EB/OL]. (2023－04－25) [2025－01－15]. https://www.commerce.gov/news/press-releases/2023/04/chips-america-outlines-vision-national-semiconductor-technology-center.

目前已经明确了芯粒、数字孪生、先进封装和异构集成等五个标准战略优先领域，并针对如何促进标准制定的创新、培养多元化且具备标准能力的劳动力等方面提出了重点措施。这一标准路线图与传统上由美国国家标准学会（ANSI）组织的标准路线图[①]的绘制方式和展现形式有所不同，在一定程度上可以认为是一次将美国政府战略和立法愿景与民间技术路线进行有机结合的尝试，也反映出美国民间对美国政府近年对标准化工作的大力介入所做出的正面回应和积极投入，这有可能成为美国政府推动对其认为的国家战略优先技术领域开展标准发展路径规划的一种新模式。"美国芯片计划"标准路线图概要详见本书附录5。

可以说，《芯片和科学法》是美国第一次从立法角度进一步强调美国政府在标准化活动中的作用，体现出美国正在采用一种平衡策略：加强政府作用以支持国家优先事项，同时保持现有的以行业为主体制定标准的模式。该法也是政府在标准化活动中多重身份的真实写照，正如《关于联邦机构为应对国家优先事项参与标准化活动原则的行政管理部门负责人谅解备忘录》所做出的规定[②]。另一方面，这部法律不仅凸显了美国加强政府在国际标准化工作中的作为，进一步争取巩固美国国际标准化领导地位的决心[③]，更体现了美国以中国为竞争对手的"零和"博弈思维蔓延至标准这一理应体现全球技术合作的领域，中美博弈的主轴已经从特朗普的贸易战蔓延到拜登的科技战。正如美国白宫在发布《芯片和科学法》的当天，在其新闻稿中所强调的"《芯片和

---

① ANSI 标准路线图是由 ANSI 组织相关方从技术角度开展的标准发展路径规划，详见本书第四章第四节。
② "为确保实现关键领域的政策目标，联邦政府可以在标准化体系中扮演各种角色，包括用户、规范制定者、参与者、促进者、倡导者、技术顾问/领导者、召集者或财政资助者"。
③ 姜冠男，施琴．从《芯片和科学法》看美国高科技领域标准化发展趋势［J］．质量与标准化，2022（11）：36-38.

科学法》将降低成本、创造就业机会、加强供应链并对抗中国"[①]。

然而，这种思维在美国标准界和学术界并没有达成高度的共识，美国塔夫茨大学弗莱彻学院和哈佛肯尼迪学院在对《芯片和科学法》的实施建议中指出，标准制定过程需要避免政治化，应当确立"红线"原则来确保标准制定不是"零和"游戏，避免护栏条款对参与和采用国际标准的美国公司带来风险，从而对其国际竞争力产生不利影响。更多的美国民间讨论详见本书第六章。

---

① The White House. FACT SHEET: CHIPS and Science Act Will Lower Costs, Create Jobs, Strengthen Supply Chains, and Counter China[EB/OL]. (2022-08-09) [2025-01-15]. https://www.whitehouse.gov/briefing-room/statements-releases/2022/08/09/fact-sheet-chips-and-science-act-will-lower-costs-create-jobs-strengthen-supply-chains-and-counter-china/.

第四章

竞争的制高点：标准与科技

"很明显，美国政府需要一个新的、强有力的标准战略，因为我们对近来的发展趋势不能置之不理：我们面临着对美国竞争力的新挑战；技术发展的步伐正在加快；尽管我们目前在许多标准制定领域发挥着主导作用，但我们不能认为这种情况会自动持续下去。"

——2023 年 5 月 4 日，时任美国商务部副部长、美国国家标准与技术研究院（NIST）主任劳里·洛卡西奥（Laurie E. Locascio）[①]在发布《美国政府关键和新兴技术国家标准战略》（*United States Government National Standards Strategy for Critical and Emerging Technology*）时的演讲

---

① 2024 年 10 月 7 日，劳里·洛卡西奥（Laurie E. Locascio）博士当选为美国国家标准学会（ANSI）的新一任总裁兼首席执行官，并于 2025 年 1 月上任。

第一节　标准与新兴技术

一、关键和新兴技术

在美国的战略体系中，科技安全与军事、经济同属于国家安全的范畴，因此美国在关键和新兴技术领域（CET）不断加大对科技的投入，政府主导作用日益凸显。2020年10月，美国国家安全委员会（National Security Council，NSC）发布《关键和新兴技术国家战略》（*National Strategy for Critical and Emerging Technology*），概述了美国将如何在广泛的技术领域保持其全球领先地位，列出了高级计算、先进制造、人工智能等20个关键和新兴技术领域。

2021年，白宫科技政策办公室（White House Office of Science and Technology Policy，OSTP）、美国国家科学技术委员会（National Science and Technology Council，NSTC）以及美国国家安全委员会（National Security Council，NSC），联合设立机构间审议机制，进一步研究确定可能对美国国家安全至关重要的CET领域。

美国认为，关键和新兴技术是对美国国家安全具有潜在重要意义的先进技术的一个子集，这些技术能够实现2021年发布的《国家安全临时战略指南》（*Interim National Security Strategic Guidance*）确定的三项国家安全目标：保护美国人民的安全、扩大经济繁荣与发展利益、实现和捍卫美国的价值观[①]。基于这一战略定位，2022年2月，NSTC发布了现行的《关键和新兴技术清单》（*Critical and Emerging Technologies List*），将关键和新兴技术调整为19个（表4-1）。这份清单聚焦核心基础技术，不包括应用技术。NSTC指出，这一CET清单将是美国后续各

---

① The White House. Interim National Security Strategic Guidance[EB/OL]. (2021-03) [2025-01-15]. https://www.whitehouse.gov/wp-content/uploads/2021/03/NSC-1v2.pdf.

项行动的参考依据，包括：为未来促进美国技术领导地位的工作提供信息；促进与盟友和伙伴的合作，推进和保持共同的技术优势；开发、设计、管理和使用能为社会带来切实利益并符合其价值观的CET；制定美国政府措施，应对美国安全面临的威胁，如制定支持国家安全任务的技术研发计划、参与国际人才竞争以及保护敏感技术[1]。

此后，拜登政府从2022年《关键和新兴技术清单》中筛选出一批优先关注和发展的关键和新兴技术，并据此发布了《美国政府关键和新兴技术国家标准战略》(United States Government National Standards Strategy for Critical and Emerging Technology，USG NSSCET)[2]。USG NSSCET所涉的关键和新兴技术领域综合考虑了对美国竞争力、国家安全的重要性和标准的相关性，明确将通信和网络技术，半导体和微电子，人工智能和机器学习，生物技术，定位、导航和授时服务，数字身份基础设施和分布式账本技术，清洁能源生产和储存，以及量子信息技术共8项关键和新兴技术作为标准优先研制领域（图4-1）[3]。

表4-1 美国关键和新兴技术清单

2020年美国《关键和新兴技术国家战略》（20个）	2022年《美国关键和新兴技术清单》(19个)	2023年《美国政府关键和新兴技术国家标准战略》(8个)
高级计算	高级计算	—
先进常规武器技术	—	

---

[1] The White House. Critical and Emerging Technologies List Update-A Report by the Fast Track Action Subcommittee on Critical and Emerging Technologies of the National Science and Technology Council [R/OL]. (2022-02-02) [2025-01-15]. https://www.whitehouse.gov/wp-content/uploads/2022/02/02-2022-Critical-and-Emerging-Technologies-List-Update.pdf.
[2] 孙红军，张明，程煜，等.《美国政府关键和新兴技术国家标准战略》的动向及对中国的影响[J]. 科技导报，2024，42（8）：83-90.
[3] The White House. United States Government National Standards Strategy for Critical and Emerging Technology[EB/OL]. (2023-05-04) [2025-01-15]. https://www.whitehouse.gov/wp-content/uploads/2023/05/US-Gov-National-Standards-Strategy-2023.pdf.

续 表

2020年美国《关键和新兴技术国家战略》（20个）	2022年《美国关键和新兴技术清单》（19个）	2023年《美国政府关键和新兴技术国家标准战略》（8个）
高级工程材料	高级工程材料	—
先进制造	先进制造	—
高级传感	先进的网络传感和签名管理联网传感器与传感技术	—
航空发动机技术	定向能技术	定位、导航和授时服务
农业技术	—	
人工智能	人工智能	人工智能和机器学习
自主系统	自主系统与机器人	
生物技术	生物技术	生物技术
化学、生物、放射和核减缓技术	—	
通信和网络技术	通信和网络技术	通信和网络技术
数据科学与存储	—	
分布式分类技术	金融科技	数字身份基础设施和分布式账本技术
能源技术	可再生能源开采和储存技术	清洁能源生产和储存
人机界面	人机交互	—
医疗和公共卫生技术	—	
量子信息科学	量子信息技术	量子信息技术
半导体和微电子	半导体和微电子	半导体和微电子
空间技术	空间技术及系统	—
	先进核能技术	—
	超音速	—
	燃气轮机发动机先进技术	—

CET清单虽然不涉及应用技术，但就标准而言，其应用将影响全球经济和国家安全，因此战略进一步提出了开展标准制定和协作的6个重点应用领域（图4-1）。

（1）自动化和互联基础设施：主要包括智能社区、物联网和其他新型应用。

（2）生物库：主要包括生物样本的收集、储存和使用。

（3）自动化、互联和电气化交通：主要包括集成于智慧社区和交通系统的自动化和互联车辆、无人驾驶飞机系统，如电动汽车与电网、充电设施相结合的标准。

（4）关键矿产供应链：主要包括可再生能源技术、半导体和电动汽车制造所需关键矿产的可持续开采等方面的标准。

（5）网络安全和隐私保护。

（6）碳捕集、清除、利用和储存：主要包括二氧化碳储存标准和点源碳捕获、清除、利用标准，以及相关的监测和验证标准。

图 4-1　CET 战略重点领域分布图

二、目标及其措施

USG NSSCET 提出了 4 项目标及实现目标的对应措施。

（一）聚焦关键领域注入研发资金

USG NSSCET 的第一个目标就是加强对 CET 标准研发的资金支持力度。近年来，美国学术界普遍担忧，美国对公共研发投入力度持续减弱，从 20 世纪 80 年代中后期开始，美国公共研发占 GDP 的比例从世界第一下滑至第十，特别是与中国形成了强烈的反差，难以继续维持美国在科技和经贸领域的全球领先地位。因此，战略的第一大目标就是大幅增加对CET标准研制的资金支持。

这一资金支持聚焦在两个关键领域，或者说重点采取两项措施。一是对标准的前瞻性研究资助，确保为未来标准研制奠定扎实基础，包括推动白宫与国会合作支持对尖端研发的投入，其中尤其注重标准预研究、基础研究的经费投入，其目的是推动研究成果转化为国际标准。同时，明确美国国家科学基金会（NSF）等政府部门将资助标准制定组织，并将修改美国国家科学基金会《提案、奖励政策和程序指南》，明确将参与国际标准制定工作纳入奖励范畴。二是支持制定解决风险、安全和韧性标准。这一措施并不仅针对传统的公共安全和应急服务，还着眼于使未来的创新和发展能够以尽可能安全和可复原的方式进行。

（二）加强多方合作

USG NSSCET的第二个目标是加强政府、私营部门、学术界的密切合作和共同参与，特别是要加强在国际电信联盟（International Telecommunication Union，ITU）等多边标准组织中的参与力度。提出这一目标是为了解决资源问题，促进美国参与到潜在的颠覆性技术领域中来。

为实现这一目标，USG NSSCET提出了如下三方面具体的措施。

一是营造更加有利于标准化活动的环境。例如，修订出口管制临时最终规则，授权美国组织为推动标准研制而发布某些技术和软件；缩短出席会议的签证处理等待时间，推动标准会议在美国举行；进一步协调政策和法规，消除私营部门参与标准制定的障碍，营造有利于美国私营部门参与和影响国际标准的环境。这些措施的提出基于以下三个具体的原因：其一，针对华为及其关联企业的实体清单，严重阻碍了美国参与国际标准活动，并受到标准界的广泛批评；其二，美国对于签证等入境管理措施对国外专家的限制，已经阻碍了国际标准会议在美国举办；其三，对于标准必要专利权利人的过度保护影响了标准的创新、竞争力和美国参与国际标准化活动。关于前两点原因可详见本书第六章，第三点可从下文做进一步了解。

2019 年 12 月 19 日，美国司法部（The Department of Justice，DOJ）反垄断局、美国专利商标局（U.S. Patent and Trademark Office，USPTO）和美国国家标准与技术研究院（NIST）共同发布《关于自愿遵守公平、合理和非歧视承诺的标准必要专利救济措施的政策声明》(*Policy Statement on Remedies for Standards-Essential Patents Subject to Voluntary F/RAND Commitments*，以下简称"2019 政策声明"），明确了专利权人在标准必要专利侵权诉讼中可以申请禁令救济以保障自身权益。"2019 政策声明"被普遍认为更有利于专利权人，因而遭到了大部分标准实施企业的反对。2021 年 12 月 6 日，美国司法部发布《欢迎公众就受 F/RAND 承诺约束的标准必要专利许可谈判和补救措施的政策声明草案发表意见》的通知，该通知在"2019 年政策声明"的基础上，进一步强调了标准必要专利善意许可的重要性[1]。2022 年 6 月 8 日，DOJ 反垄断局、USPTO 和 NIST 宣布撤回"2019 年政策声明"。在考虑了公众对"2019 年政策声明"的意见后，以上机构认为撤回上述声明是促进标准生态系统竞争和创新的最佳行动方案。商务部负责标准与技术的副部长兼 NIST 主任劳里·洛卡西奥表示："2019 年声明的撤回将加强美国公司参与制定和影响国际标准的能力，这些标准对我们国家的技术领先地位至关重要，这将促进当今和未来的全球技术市场的发展[2]。"

二是改善公共和私营部门之间关于标准的沟通，建立战略伙伴关

---

[1] 易继明.美国标准必要专利政策评述[J].信息通信技术与政策，2023，49（3）：1-9.
[2] National Institute of Standards and Technology (NIST). National Standards Strategy for Critical and Emerging Technology (NSSCET) Release[EB/OL]. (2023-05-04) [2025-01-15]. https://www.nist.gov/speech-testimony/national-standards-strategy-critical-and-emerging-technology-nsscet-release.

系，推动信息共享，并加强美国政府机构与标准制定组织、行业协会、民间团体等私营部门标准利益相关者之间的合作。具体包括共同确定提议建立国际标准化技术委员会的新领域，优先考虑参与和领导的领域，以及通过公私合作为 CET 规划标准路线图。事实上，美国国家标准学会（ANSI）已经通过建立"标准协作机制"，为美国新兴技术领域的利益相关方提供高效协作平台，解决共同的标准需求，推动以标准支撑政策、科技、产业的协同发展，并开展了 19 项协作活动，在电动汽车、无人驾驶飞机、纳米技术、增材制造等领域形成了一批标准路线图。

三是增强美国政府和志同道合的国家（like-minded countries）在国际标准管理和领导方面的代表性和影响力，在早期技术和相关政策制定等方面加强国际合作，在 ITU 等活动中争取立场一致，开拓科技外交标准重点，争取 CET 国际标准领导地位，并点名要加强量子信息技术等高度优先领域标准制定。其中，该战略特意提出要加强与 ITU 等基于条约的多边标准组织的合作，很大程度上是美国存在一种观点，即虽然中国在国际标准化组织（ISO）和国际电工委员会（IEC）中的参与程度正在提高，但美国和欧盟仍然占据着大多数领导地位，然而在作为联合国机构的 ITU 中，中国的影响力正在超越美国。

（三）人才队伍建设

USG NSSCET 的第三个目标是创新人才培养机制，培育新一代能够有效推动技术标准研制的标准化专业人才，解决美国标准化专业人才滞后于 CET 领域标准组织增长的问题。

在实施措施上，该战略提出通过投资和与私营部门合作，增加利益相关方参与标准制定的机会；与大学和教育机构合作开发标准课程；支持 NIST 标准卓越中心，促进关键技术领域顶尖专家合作；建设政府机构标准化人才队伍等。目前，NIST 已经实施了一系列相关的措施，包括"政府机构标准和合格评定培训项目""高校课程开发合作协议计划项目",以及先进材料、社区韧性和法医科学三大卓越中心,并在2024年10月,向ASTM拨款1 500万美元建立标准化卓越中心。

(四)对抗中国

USG NSSCET的第四个目标名义上为"利用志同道合的盟友和合作伙伴的支持,促进国际标准体系的完整性和包容性",但实质上在战略中这一目标可以认为是一个具有排他性的"毒丸"条款,其真实目的是以所谓的"完整性和包容性"来对抗竞争对手,充满了偏见和敌意,指责"战略竞争对手试图破坏长期标准研制过程的完整性,推动自上而下的方法来主导未来市场,并加强强制性杠杆作用"。为了实现这一真实目标,该战略从政府间和民间层面提出了两条措施。

一是深化与盟友和合作伙伴的标准合作,将标准活动纳入双边和多边科学技术合作协议,寻求提高美国和合作伙伴在标准制定组织中的领导地位。战略着重强调了将利用"欧美贸易技术理事会(TTC)战略标准化信息"机制,实现美国与欧盟在国际标准制定中的信息共享。该措施还重点提出了扩大其国际标准合作网络,引入所谓新的"志同道合的合作伙伴",并且借助美国政府中的贸易机构、对外援助项目等贸易工具,扩大其同盟关系。战略尤其提及了亚太经济合作组织和东南亚国家联盟。

二是促进标准研制中的广泛代表性。战略提出要进一步加强政府间合作,并进一步吸引其他国家的民间力量融入美国的标准语境,其中包含两个发力点:一是借由学术界和私营部门的合作,寻求与新兴经济体学术机构或相关组织的合作;二是通过标准联盟等技术援助计划,吸引受援助国的中小企业参与。

三、狭隘的局限性

USG NSSCET继承了《国家安全战略》(*National Security Strategy*,

NSS)、《国家网络安全战略》(National Cybersecurity Strategy) 等战略的整体思维，沿用《国防授权法案》(National Defense Authorization Act，NDAA)、《芯片和科学法》(CHIPS and Science Act of 2022) 等法律中的标准化具体措施，并采纳了美国国家标准与技术研究院（NIST）的调查中获取的民间意见，可以说是一部体现美国关键和新兴技术标准化问题全套解决方案的政府策略性指导文件。同时，这一文件又承载着前所未有的政府高度主导、着力推进跨学科和基础研究融合、人才与经费的强力加持、以"小院高墙"夺取国际话语权和视我国为"最严峻的竞争对手"等显著特点[①]。

然而，作为美国第一份政府层面的高规格标准战略，USG NSSCET 似乎在美国社会各界中的反响并不强烈。在 NIST 开展的战略实施意见征集中，庞大的美国标准制定组织和高科技企业群体，只提交了 71 份有效反馈意见。此外，就战略本身内容而言，无论是在产业界还是专业组织中，也还存在着较多的不同意见。

作为拥有 280 多家与中国有业务往来的美国企业成员的中美贸易全国委员会（US-China Business Council，USCBC），在战略发布半年后指出该战略"错误地采取'一刀切'政策"。美中贸易全国委员会认为，在没有具体负面影响证据和案例的情况下，以建立同盟的方式抵制竞争对手具有潜在风险，一定程度上只会反向鼓励竞争对手研制出同类竞争标准，而美国企业将首当其冲承担代价[②]。

关键和新兴技术的代表组织美国信息技术与创新基金会（Information

---

① 美洲标准化（上海）研究中心. 美国未来产业标准化发展趋势研究[J]. 质量与标准化，2022（1）：37-39.
② The US-China Business Council. USCBC Comments on Implementation of the United States Government National Standards Strategy for Critical and Emerging Technology[EB/OL]. (2023-12-21)[2025-01-15]. https://www.uschina.org/advocacy/uscbc-comments-on-implementation-of-the-united-states-government-national-standards-strategy-for-critical-and-emerging-technology/.

Technology and Innovation Foundation，ITIF）则认为，该战略的应对措施存在缺陷，使用了扭曲且过于强烈的国家安全视角，而不是以通常的创新、竞争力和贸易视角来看待技术标准，这反映了拜登政府对标准的认知偏差。事实上，技术标准传统上是基于开放、协商一致的原则共同制定而成，因此并不偏袒任何企业或国家。

从其盟友角度来看，美国盟友对于配合美国实施其政策也保持一定的审慎态度。韩国和荷兰担心因与美国同盟而损失中国的巨大市场，欧盟则倾向于追求"技术主权"[1]。非常有意思的是，有多个美国民间智库表达了同一个观点，即作为美国的亲密盟友，欧盟却也"以其人之道还治其人之身"。ITIF 在其评论意见中进一步指出，欧盟及其标准战略旨在利用技术标准针对美国标准、企业和技术实施保护主义。最明显的是，欧盟故意将长期以来为欧洲标准制定作出真正贡献的美国企业专家排除在外。欧盟正对人工智能和潜在标准采取孤立主义和保护主义。然而，战略和拜登政府却未提出并解决欧盟在标准方面存在的问题[2]。

当然，尽管美国民间对新兴技术战略存在诸多不同意见，但并不能否认和轻视美国政府在推进关键和新兴技术标准战略方面的积极作用。在美国政府的大力推动下，各级部门、产业界、科研院所等迅速携手，共同推进新兴技术战略的落地实施。尤其是在新兴技术标准化国际合作、新兴技术联盟或机构建设以及推动标准化融入新兴技术高等教育等方面，美国政府在应对新兴技术挑战方面的决心和努力值得关注。

---

[1] 姜冠男，施琴. 芯片产业国际标准化趋势及对我国芯片标准国际化发展的影响［J］. 标准科学，2024（4）：10-15.
[2] Information Technology and Innovation Foundation (ITIF). Unpacking the Biden Administration's Strategy for Technical Standards: The Good, the Bad, and Ideas for Improvement[EB/OL]. (2023-10-10) [2025-01-15]. https://itif.org/publications/2023/10/10/unpacking-the-biden-administrations-strategy-for-technical-standards-the-good-the-bad-and-ideas-for-improvement/.

四、趋势

2023年9月至11月，NIST为了推动实施USG NSSCET，启动了关于战略实施的公众意见征集。英特尔、高通、苹果、微软等主要高科技公司，以及ANSI、IEEE、UL等美国民间标准组织提出了568条实施建议，其中最为核心的建议就是进一步加强美国各级政府的作用，主要内容可以归纳为以下四点：

（1）加强美国政府在USG NSSCET实施中的内外协调作用，包括政府部门间、政府与民间和美国与外国政府间的合作。

（2）加强美国政府的投入与参与，如增加国会拨款、激励联邦机构直接参与等。

（3）加强标准化教育和意识普及，进一步发挥学校作用，向各类组织高层领导宣传普及标准的投资回报理念等。

（4）消除美国参与国际标准化活动的障碍，如对美国主办的会议简化外国人签证手续、加强美国政府在国际电信联盟（ITU）中的参与度等。

2024年6月，NIST根据意见征集结果公布了《USG NSSCET路线图》（征求意见稿），进一步清晰地阐述了美国政府将在关键和新兴技术领域所发挥的作用。该路线图围绕USG NSSCET的4项目标[①]，提出了近期即刻行动和长期持续行动。

在短期内，美国政府的重点行动在于获取信息，分析确定如何进一步推动其关键和新兴技术领域标准化工作，其主要内容包括四个方面：一是识别可用资源，如分析联邦政府预算、CET研究经费、外部资金和科技合作协议等资源中，哪些可以用于标准预研究、联邦政府

---

① USG NSSCET的4项目标：①投资；②参与；③劳动力；④完整性。

制定和使用标准、扩大国际标准参与度、建立和维持国际合作机制等。二是分析确认存在的问题，包括在各类参与国际标准化活动政府项目、推动标准化的政策、跨部门标准合作等方面，需要进一步完善的机制、存在的差距和措施的优先序。三是扩大标准人才队伍，如跟踪分析当前美国政府CET标准教育拨款和项目、与大学和教育机构一起开发和推广标准相关课程的机会、为CET专业人员提供标准培训计划等。四是跟踪分析扩大国际标准参与的机会。

在长期目标方面，美国提出了7个方面的重点行动，包括：

（1）进一步加强研发和标准化投资，重点支持制定和实施标准路线图、研发测量指标以提高标准预研究水平、持续更新CET清单。

（2）支持各类参与国际标准的政府项目，对私营部门主导的标准孵化器和加速器、建立新的标准联盟和标准组织、在美国召开国际标准化会议等提供各种形式的资助。

（3）加强美国政府跨部门协调，扩大美国政府参与标准化活动的渠道、建立标准平台和数据库、评估政府的参与情况。

（4）扩大美国政府和私营部门之间的合作，建立政府和私营部门的标准数据和信息共享机制，激励行业在医疗、环境、公共卫生和安全等垂直领域采用CET标准。

（5）加强标准化教育，政府参与标准制定培训和指导，建立优秀标准奖。

（6）加强美国政府和盟友在国际标准体系中的影响力，通过私营部门来进一步加强政府间合作，加强美国在CET标准研发早期阶段领导作用，学习盟友在标准教育和激励计划中的经验。

（7）加强学术界的参与，开发和整合大学与教育机构的CET标准相关课程，提升中小企业、社会团体和全球新兴经济体等的标准化能力。

事实上，无论是此前美国在关键和新兴技术标准化领域出台的一系列政策，还是目前通过 USG NSSCET 及其路线图提出的短期和长期持续行动，都可以看出以下几点明显的趋势。

一是政府对标准的宏观引导和深度参与的双重定位更加清晰。美国政府在标准化中的作用不再局限于使用和支持私营部门标准，"标准使用者驱动标准化活动"的工作体系，正在转变为"为新兴的 CET 领域创建战略框架和标准发展路线图"这一带有深刻政府引导内涵的工作体制。事实上很有意思的是，美国所提出的建立标准孵化器和加速器、设立优秀标准奖、开展国际标准化试点、联邦资金资助项目纳入标准、评估标准实施效益等措施，在一定程度上进一步表现出中美两国的标准化管理体制的趋同化趋势，美国政府正在更多地以战略、政策、法律等手段来加强其对标准化工作的宏观指导。

二是更为庞大和多渠道的资金投入激励标准创新。美国政府和学术界近年来认为，美国公共研发投入占国民生产总值的比例已被其他主要经济体赶超。传统上，美国政府的公共研究投入集中在基础科学领域，作为其中的主力军——美国高校科研也相对独立，对社会参与和应用的重视程度较低，标准始终不是其研究的优先对象。美国政府近期的行动表明，美国将通过公共资金为标准研发提供更广泛的支持，建立一支更加广泛的标准化专业人才队伍，并向打通基础研发与应用研究之间的渠道倾斜，加大对私营企业的创新和标准化的激励力度。

三是美国将以技术为基础，对其关键和新兴技术领域的标准化策略实施动态调整。由于技术的快速更新迭代和美国的泛国家安全观理念，CET 清单及其涉及的产业将会持续发生变化，NIST 和 ANSI 的职能将进一步加强，ANSI 主导的新兴技术标准协调机制将得到更大范围的应用，未来其工作重点将是在各个 CET 领域推动标准路线图研制、建立 CET 标准信息平台和合作机制等。

第二节　标准与人工智能

一、前所未有的政府介入

美国对于人工智能标准的高度关注，从政府前所未有的介入程度可见一斑。美国在人工智能领域的全球领导地位取决于联邦政府在人工智能标准制定中发挥积极有为的作用，包括各联邦机构在实现其政策目标的过程中为人工智能标准化做出努力[①]。从2016年起，美国发布一系列政策和措施，旨在维护其在全球人工智能领域的领导地位。

2016年，奥巴马政府发布了第一版《国家人工智能研发战略规划》(*National Artificial Intelligence Research and Development Strategic Plan*)，旨在指导美国的人工智能研发与投资。

2018年6月，美国国防部（U.S. Department of Defense，DOD）成立联合人工智能中心（Joint Artificial Intelligence Center，JAIC），并计划5年内投入17亿美元加速人工智能技术的应用。

2018年9月，美国国防高级研究计划局（Defense Advanced Research Projects Agency，DARPA）宣布未来5年将投资20亿美元开发新一代人工智能技术，致力于打造具有常识、能感知语境和更高能源效率的人工系统。

2019年2月，美国总统特朗普签署了13859号行政令《保持美国在人工智能领域的领导地位》[*Maintain American leadership in artificial intelligence*，Executive Order（E.O.）13859]。其中，关于人工智能标准

---

① National Institute of Standards and Technology (NIST). U.S. LEADERSHIP IN AI: A Plan for Federal Engagement in Developing Technical Standards and Related Tools[EB/OL]. (2019-08-08) [2025-01-15]. https://www.nist.gov/system/files/documents/2019/08/10/ai_standards_fedengagement_plan_9aug2019.pdf.

化方面，该行政命令要求美国国家标准与技术研究院（NIST）制定一项关于美国联邦政府参与人工智能相关的标准和工具研发的行动计划，从而支撑建立一个可靠、鲁棒性强的、值得信赖的人工智能技术体系。

2019 年 6 月，美国政府更新了 2016 年版战略，发布了《2019 年国家人工智能研发战略规划》（*The National Artificial Intelligence Research and Development Strategic Plan: 2019 Update*），其中战略 6 即为"以标准和基准来测量和评估人工智能技术"[①]。

2019 年 8 月，为了贯彻 13859 号行政令，NIST 发布了《美国在人工智能领域的领导地位：联邦政府参与开发技术标准和相关工具的计划》（*U.S. Leadership in AI: A Plan for Federal Engagement in Developing Technical Standards and Related Tools*，以下简称《人工智能标准计划》）。

2023 年 10 月 30 日，拜登总统发布关于安全、可靠和值得信赖的人工智能的行政命令。该行政命令确立了人工智能安全和保障新标准，旨在保护美国人隐私，促进公平和公民权利，维护消费者和劳工权益，促进创新和竞争，促进美国在世界各地的领导地位[②]。

2023 年 5 月 23 日，美国白宫科技政策办公室（OSTP）发布了一份《国家人工智能研发战略计划》（*National AI R&D Strategic Plan*）。这是自 2019 年以来对路线图的首次更新，重点关注联邦政府在人工智能研发方面的投资（图 4-2）[③]。该路线图概述了联邦政府在人工智能研发投入的关键优先事项和目标，由联邦政府的专家和公众共同制定。该计划明确指出，在人工智能方面，联邦政府将投资研发，促进

---

① 蔡星月.人工智能的"标准之治"[J].中国法律评论，2021（5）：94-103.
② The White House. Executive Order on the Safe, Secure, and Trustworthy Development and Use of Artificial Intelligence[EB/OL]. (2023-10-30) [2025-01-15]. https://www.whitehouse.gov/briefing-room/presidential-actions/2023/10/30/executive-order-on-the-safe-secure-and-trustworthy-development-and-use-of-artificial-intelligence/.
③ The White House. National Artificial Intelligence Research and Development Strategic Plan 2023 Update[EB/OL]. (2023-05) [2025-01-15]. https://www.whitehouse.gov/wp-content/uploads/2023/05/National-Artificial-Intelligence-Research-and-Development-Strategic-Plan-2023-Update.pdf.

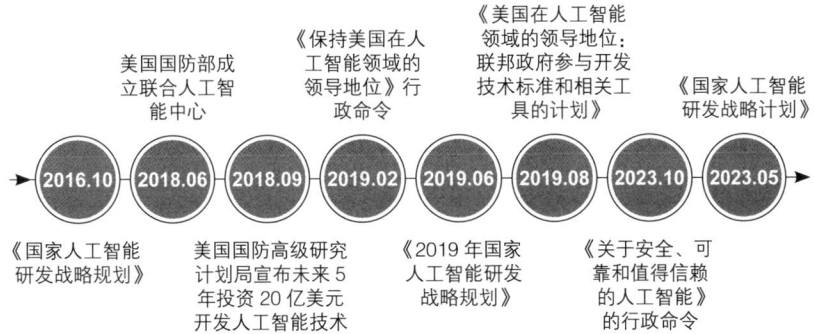

图 4-2　美国人工智能政策和措施概览图

负责任创新，服务于公共利益，保护人民的权利和安全，并维护民主价值观。

根据白宫官网，截至 2024 年 1 月，共有 20 个机构参与了人工智能相关行动，完成了 29 项工作事项[①]。

综上所述，从这一系列的行动可以发现，美国政府对于人工智能标准化具有一种前所未有的重视程度。传统上，美国政府对于民间自愿性标准的介入主要在于参与、影响和政府采用，而在人工智能领域，美国政府提出了联邦政府在标准制定中的四种参与策略（图 4-3），具体由对人工智能标准有需求的联邦机构自行确定：一是监督，跟踪和聚焦特定领域的标准或广泛参与各类标准研制项目，完善由民间标准组织制定的标准以满足政府需求；二是参与，对于具有战略意义的标准提出政府意见，包括以观察员的身份参与该标准的技术委员会；三是施加影响，与标准的主导者加强合作与互信，通过各类正式与非正式的研讨活动与业界或国际相关方合作，从而使标准反映美国政府的

---

① The White House. Fact Sheet: Biden-Harris Administration Announces Key AI Actions Following President Biden's Landmark Executive Order[EB/OL]. (2024-01-29) [2025-01-15]. https://www.whitehouse.gov/briefing-room/statements-releases/2024/01/29/fact-sheet-biden-harris-administration-announces-key-ai-actions-following-president-bidens-landmark-executive-order/.

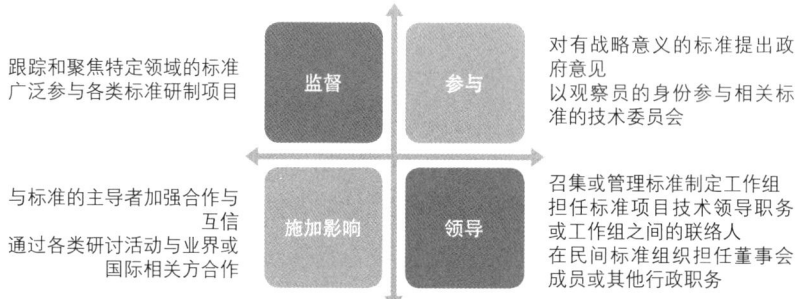

图 4-3 美国联邦政府在标准制定中的参与策略

要求;四是领导,通过召集或管理标准制定工作组,担任标准项目技术领导职务或工作组之间的联络人,主导标准的制定,或通过在民间标准组织担任董事会成员或其他行政职务来行使领导力。

二、重点、行动与趋势

在 2019 年发布的《美国在人工智能领域的领导地位:联邦政府参与制定技术标准和相关工具的计划》中,美国政府已经确定了人工智能标准的九大重点领域:术语和概念;数据和知识;人机交互;性能指标;网络;性能测试和报告方法;安全;风险管理;可信度(包括准确性、可解释性、弹性、安全性、可靠性、客观性和保密性的指南和要求)。这些领域至今并无显著变化。

美国还指出了重点标准类型,即政府对于具有以下要素的标准应当重点参与。

(1)以创新为导向,跟上快速的技术变化,实现最大的灵活性以及技术平台的中立性,基于性能以满足各类需求的标准。

(2)跨界应用,实现在产业、政府、社会多个领域进行大规模推广的跨界应用标准。

(3)聚焦特殊行业和应用,能够在某个特定行业集中应用的标准,特别是存在特定风险和影响的领域。

（4）适用范围和用途清晰，允许用户根据所使用的数据或算法来决定一个应用的人工智能标准是否适用于其他应用或风险水平是否可接受。

（5）实现在全生命周期中对于人工智能系统的监管。

（6）能够反映人工智能的技术、风险和社会影响等发展现状，即标准的制定要适当反映人工智能技术的可行性和社会认可程度。

（7）持续更新以紧跟人工智能技术的发展进程，避免将技术和新发展和新知识排除在外。

（8）有效测量和评估人工智能系统性能，以确定风险程度、适用性、成熟性以及与目标的一致性。

（9）坚持以人为本，在数据收集、模型开发、测试和部署过程中确保人工智能系统与人的互动性。

（10）统一和使用清晰的语言来定义与人工智能相关的术语和概念，并促进人工智能词汇和术语的统一。

（11）以道德伦理为考量，消除歧视，保护隐私和确保安全可控。

在政府如何参与和推动人工智能标准制定上，美国有三方面值得关注的具体措施和趋势：

一是提升政府官员的人工智能标准知识水平，从而增强其对人工智能标准制定的领导力。特别是明确要求美国商务部和人事管理办公室负责培养具备人工智能标准技能的联邦政府骨干，为其制定清晰的职业发展和晋升路径。此外，美国还提出了由白宫预算管理办公室负责，通过提高政府官员的人工智能标准知识和意识，进一步督促落实执行有关人工智能标准和相关工具的政府政策。

二是提供资金支持，加强可信人工智能领域标准及相关工具研发。相对而言，美国政府更加重视聚焦技术特征来推进人工智能标准的发展，如要求商务部、国家科学基金会和研究资助机构等，聚焦度量标准和数据集、风险管理策略标准化、人工智能可信度等提供支持。其实这一做法可以从美国标准体系的自身特征来理解。由于美国拥有强大的专业性标准组织，并在所属行业中具有全球优势地位，那么在掌握人工智能标准基础架构方面话语权的同时，与其专业性标准组织全球行业优势相配合，进而可以实现对国际标准和产业的全面掌控。

三是明确提出"在全世界人工智能标准制定活动中，捍卫美国人工智能标准优先的地位"[1]。美国认为确保这一领域的"美国优先"，将能够使人工智能标准满足美国经济和国家安全需求。因此，提出要"战略性"地参与国际标准活动，包括两个重点：在技术层面，加强与盟国之间的信息交流，合作开发人工智能标准和相关工具；在决策层面，跟踪和了解外国政府和实体在人工智能标准制定方面的战略和行动，判别是否对美国构成挑战。

三、聚焦关键领域的盟友合作

虽然美国和欧盟对于人工智能标准化治理理念存在差异，美国更为开放和激进，倾向于用政策引领人工智能标准的发展，而欧盟相对保守，倾向于用标准和法律加强对人工智能的监管，但在共同的利益驱动下，美欧双方在人工智能标准的具体发展路径上已经取得高度的共识。

2022年12月，美国与欧盟在欧美贸易技术理事会（Trade and Technology Council，TTC）框架下发布了《可信人工智能和风险管理评估与测量工具联合路线图》（*TTC Joint Roadmap on Evaluation and Measurement Tools for Trustworthy AI and Risk Management*），为其人工

---

[1] The White House. Executive Order on Maintaining American Leadership in Artificial Intelligence, Executive Order 13859[EB/OL]. (2019-02-11) [2025-01-15]. https://trumpwhitehouse.archives.gov/presidential-actions/executive-order-maintaining-american-leadership-artificial-intelligence/.

智能标准化合作提供指引，明确以关键基础标准、前瞻性技术应用研究、企业行为准则为重点关注，推进人工智能产业发展。

美国政府更为关注术语和定义、可信度、可靠性等基础性标准[1]，这是因为美国政府认为，未来数字基础设施底层技术具有战略意义，为确保美国创新体系的稳定，应对此类底层技术采取更严格的安全标准[2]。因此，美欧的重点标准突破方向聚焦关键共性技术的基础标准，2023 年 5 月，美欧联合发布了《欧美人工智能术语和分类法（第一版）》(*EU-U.S. Terminology and Taxonomy for Artificial Intelligence First Edition*)，对人工智能生命周期、测量、技术系统属性、治理、可信度等术语进行定义。该术语文件由欧盟与 NIST 组织专家团队共同研制，以美国《人工智能风险管控框架》(*AI Risk Management Framework*，AI RMF)、《人工智能权利法案蓝图》(*Blueprint for an AI Bill of Rights*) 和欧盟《欧盟人工智能法案》(EU AI Act) 等政策文件，以及国际标准组织、经济合作与发展组织（OECD）、欧盟三大标准组织、电气与电子工程师学会（IEEE）等已有标准为基础编制。同时，美欧围绕人工智能可信度及风险测量指标和方法开展研究，搭建囊括人工智能可信度测量指标、风险管理方法等工具的线上公开数据库，并广泛调查分析欧美标准制定组织、工业界、开源开发者、学术界、民间社会组织、政府等各方已有的衡量可信人工智能的标准、指标、方法，开展对人工智能风险进行互操作性测试和评估，从而寻求评估方法标准方面的突破。

在联合研究方面，欧盟联合研究中心（Joint Research Centre，JRC）和 NIST 深化其合作机制，联合标准制定组织、企业、学术界、政府等相关方，建立所谓的"专家级"信息共享机制协调技术解决方

---

[1] 美洲标准化（上海）研究中心. 美国人工智能标准化政策新趋势研究［J］. 质量与标准化，2021（1）：37-40.
[2] ELSA B, KANIA. Securing Our 5G future: The Competitive Challenge and Considerations for U.S. Policy[R]. Center for a New American Security, 2019-11-07.

案，共同开展人工智能标准预研究合作。针对人工智能技术在具体产业领域的应用，美欧启动了在健康医疗领域应用隐私保护增强技术的试点项目，并明确在气候变化、应急管理、医疗健康、电网优化和农业五个领域开展人工智能和计算研究项目。

标准预研究这一用词近年来多次出现在美国政策文件中，虽然并没有给出明确的定义，但根据美国学者对美国《芯片和科学法》的研究报告中的阐述可以认为，标准预研究是指促进科学和技术界内部关键信息和交流的基础和应用研究，支持对最终确定标准和技术规范至关重要的要素建立共识，确保技术价值链中的不同利益相关者能够获得基本信息，从而开发差异化产品[1]。对于高端技术，标准制定过程与关键的竞争前基础研究和专有技术的研发投资有着内在的联系[2],[3]。

在规范人工智能企业行为方面，为了弥补和融合美欧在这一领域的立法空白和理念差异，美欧在2022年5月TTC第四次会议期间，宣布拟向七国集团（Group of Seven，G7）领导人提交一份关于人工智能行为准则的跨大西洋联合提案，为企业制定一套技术指导标准草案，从而应对人工智能的快速发展、弥合区域间的监管差距。2023年10月，G7发布了《组织开发先进人工智能系统的国际指导原则》（*Hiroshima Process International Guiding Principles for Organizations Developing Advanced AI System*）和《组织开发先进人工智能系统的国际行为准则》（*Hiroshima Process International Code of Conduct for Organizations Developing Advanced AI Systems*），提出关于推动国际技术标准发展、保护个人数据和知识产

---

[1] U.S. Department of Commerce. CHIPS for America Outlines Vision for the National Semiconductor Technology Center[EB/OL]. (2023-04-25) [2025-01-15]. https://www.commerce.gov/news/press-releases/2023/04/chips-america-outlines-vision-national-semiconductor-technology-center.
[2] KINDLEBERGER C P. Standards as Public, Collective, and Private Goods. Institute for International Economic, Seminar Paper No. 231, December 1982. https://www.diva-portal.org/smash/get/diva2:330360/FULLTEXT01.pdf.
[3] Büthe T. Engineering Uncontestedness? The Origins and Institutional Development of the International Electrotechnical Commission (IEC).Business and Politics. 2010; 12 (3): 1-62. DOI: 10.2202/1469-3569.1338.

权、开发可靠的内容验证机制、公开报告先进人工智能系统能力等 11 项开发和使用人工智能系统举措的原则以及行为准则,指导各类组织开发先进的人工智能基础模型、系统和技术标准,鼓励美欧企业积极参与制定和采用国际标准,尤其强调生成式人工智能水印标识等帮助用户区分人工智能生成内容的相关领域。

另外需要注意的是,美欧人工智能标准的合作并不只是局限在其跨大西洋伙伴关系范畴之内,而是以美欧为核心,旨在辐射国际标准及更多区域和国家。从美欧联合标准路线图和实施计划所设立的短期和长期目标可以发现,其短期目标注重建立合作渠道、确定重点标准和开发评估工具等,而长期目标则更加重视对国际标准的投入和领导。从 2023 年中期起,欧盟和美国正在不断加强与印度、印度尼西亚、新加坡、越南等国家的人工智能合作,并明确提出将吸纳更多国家参与其人工智能标准化研究与应用[1]。正如欧盟委员会执行副主席韦斯塔格在向 G7 提交人工智能行为准则跨大西洋联合提案后接受记者采访时所称:"这项倡议旨在超越欧盟和美国的范围,欢迎印度尼西亚、印度等其他国家也参与进来[2]。"

第三节 数字化与标准战略转型

一、推动标准数字化潮流

标准作为经济活动和社会发展的技术支撑,在当前的技术发展浪潮中实现数字化转型也已成为必然趋势。国内外标准化机构对标准数字化转

---

[1] 张笑雪,戴宇欣. TTC 框架下欧盟和美国人工智能标准化合作重点分析[J]. 质量与标准化,2024(1):43-45.
[2] FORD C, Trade and Technology Dialogue (TTD). Fourth EU-U.S. Trade and Technology Council Ministerial Stakeholder Event Report[R/OL]. (2023-05-31) [2025-01-15]. https://futurium.ec.europa.eu/system/files/2023-06/TTC4%20Stakeholder%20Event%20Report.pdf.

型的作用与战略意义已基本达成共识，均将其作为未来发展的重要战略目标和任务进行布局[①]。美国标准数字化转型理念的由来可追溯至 2005 年。当时，美国航空航天工业协会（Aerospace Industries Association of America，AIA）联合欧洲航空航天与防务工业协会（AeroSpace and Defence Industries Association of Europe，ASD），在为军用飞机技术出版物的电子交互制定通用规范时提出，未来标准将不再是纸质型的图表文件，而是作为一系列结构化的数据模块与通用资源数据库来进行规范管理和约束控制。用户（包括人、机器或其他使用者）能够根据自身需求以恰当的形式使用标准数据。尽管当时并未明确提及标准数字化转型这一概念，但以数据为中心的思想萌芽为标准出版物的数字化转型奠定了基础。

随后长达十多年的时间里，为了建立可以被人和机器都能有效解读的通用标准数据库，需要对标准文献中有价值、可标识的信息进行数据化处理，标准化组织开始围绕标准文献信息结构化表示开展研究。其中，美国国家信息标准组织（National Information Standards Organization，NISO）表现尤为突出，开发了期刊文章标签集标准（NISO Z39.96 version 0.4－JATS：Journal Article Tag Suite）。2011 年，国际标准化组织（ISO）基于 NISO 的研究成果，开发了一套适用于 ISO 标准的标签集（ISO Standards Tag Suite，ISO STS），采用 XML 标记语言形成标准框架和主要元素的结构化表示，为标准内容交换提供了通用的模型，在许多标准化组织中被广泛应用。标准文献信息结构化表示的研究迈出了探索标准数字化转型机器可识别的第一步。

二、引领 SMART 标准研究

机器可读标准（Standards Machine Applicable, Readable and Transferable，

---

① 白殿一. 从标准化原理视角看标准数字化［J］. 中国标准化，2022（22）：11－13.

SMART）是当前标准数字化领域的研究重点。2019 年，ISO 机器可读标准战略咨询小组在提交 ISO 技术管理局（TMB）的报告中提出，SMART 标准的含义为"适用于机器可读、可用、可解析的标准，无须人工干预即可在系统中工作，例如：数据库标准，包含代码组件的标准等"[1]。

2020 年，美国国家标准学会（ANSI）年报中强调指出了 SMART 标准的战略重要性。ANSI 认为，随着世界数字化的发展，标准内容的开发和消费也必然要走向数字化，新类型标准、不同的发布格式、产品系统和服务直接集成是标准数字化转型的三个发展方向，ANSI 需要和美国行业伙伴共同帮助 ISO 推进机器可读标准的发展，为企业将 ISO 标准的内容纳入产品、流程和服务节省时间和成本[2]。

从技术研究角度来说，采用标记语言实现标准内容格式化是推动标准机器可读的重要技术前提，当前最主流的技术之一就是实施标准标签集。在这方面，美国在 2017 年就由 NISO 编制美国国家标准 ANSI/NISO Z39.102-2017《兼容 ISO 标准标签集》。2020 年，ISO 采用 NISO STS 以 XML 形式出版发布标准，奠定了 ISO/IEC 标准标签集的基础，提供了通用的 XML 标记语言编制标准的格式，更便于计算机识别和交换标准数据。NISO STS 由 XML 元素和属性构建而成，用于描述标准的全文内容和元数据，可以保留标准的知识内容，而与该内容最初交付的形式（如 WORD、PDF、HTML）无关，为标准发布和互操作提供了可用的模型。STS 提供了一种通用 XML 格式的标准，使标准开发人员、出版商和分销商及国家标准机构、区域及国际标准机构，可以在一个开放可信的流程中发布和交换标准的全文内容及元数

---

[1] ISO SAG on MRS member, IEC SG12 member. ISO SAG on MRS (Machine Readable Standard)[EB/OL]. (2020-07-21) [2025-01-15]. https://webdesk.jsa.or.jp/pdf/dev/md_4968.pdf.
[2] American National Standards Institute (ANSI). 2019-2020 Annual Report[R/OL]. (2020-10-21) [2025-01-15]. https://share.ansi.org/Shared%20Documents/News%20and%20Publications/Brochures/Annual%20Report%20Archive/2019-2020-Annual-Report.pdf.

据，所以 STS 也被称为"标准的标准"。

而在产品系统和服务直接集成方面，ANSI 也强调了机器可读标准的战略重要性，与美国行业合作伙伴正在帮助推进 ISO 实施机器可读标准的发展，推动 SMART 标准应用研究，目前着力于推进数字化转型项目并开展试点，在无人机系统、5G、商业航天工业、先进材料等 6 个领域开展 SMART 标准研究工作[①]。

三、打造数字化工作环境

标准数字化是支撑标准组织数字化转型的核心，也是标准化适应全球产业数字化发展的重要进程，因此美国主要的民间标准组织也将之作为优先事项。

一方面，持续推进开源与标准的技术性融合。开源技术已受到各标准组织的高度关注，正着力推进开源技术与标准研制的融合发展，利用开源工具的强大功能，高效联通标准组织的成员网络、技术专家和丰富资源，推动标准组织吸纳更多相关方的参与，从而为保障标准的技术内容和创新发展提供有效工具[②]。

案例一：

电气与电子工程师学会（IEEE）关注于利用开源技术实现标准合作。2020 年 2 月，IEEE 建立了开源协作平台（IEEE SA Open），为软件开发人员、初创公司、项目人员、标准工作者等需求方提供丰富的功能，促进 IEEE 的成员、标准委员会和工作组协作，填补全球标准开发人员与开源开发者之间的技术差距，加速推进更具灵活和创造性的技术解决方案。

IEEE SA Open 实现的数字化功能包括：① 项目规划和管理，确保技术和标准项目进度清晰、直观，帮助技术项目快速标准化；② 源

---

① 蔡焱.全新的标准表达方式［J］.质量与标准化，2022（1）：5-7.
② 姜冠男，施琴.标准组织数字化转型国际趋势研究［J］.质量与标准化，2022（3）：38-41.

代码管理，推动开源技术和软件发展，保证技术和标准项目快速迭代；③ 代码质量和测试，确保安全、稳定、易维护；④ 应用程序发布，增强标准工作者开源意识，推动协同创新。

此外，IEEE 在数字化转型过程中与产业界密切合作，开发 EQ Navigator 在线工具，确保标准在全球应用的一致性，为产业界提供更完善的标准符合性解决方案。例如，核工业领域的全球制造商、测试实验室和核电厂，可以利用 IEEE EQ Navigator 对 IEEE 标准的符合性进行独立、无缝和安全的评估。

另一方面，致力于实现标准全过程的信息共享与合作。美国各主要标准组织的数字化平台建设或升级，都体现出强烈的共享与合作理念。通过数字化建设，逐步实现与同类组织及用户间的信息共享和共用，使标准能够得到更多的智力输入和使用反馈，从而不断提升用户体验，更高效地满足市场对标准的需求。

案例二：

美国材料与试验协会（ASTM）数字化工作聚焦于提升用户体验。2020 年初，ASTM 全面推进 ASTM 2.0 计划，利用信息技术对其网络系统进行整体改版，目标是将组织的技术平台架构现代化，方便、快捷地实现新功能的添加或现有功能的扩展，从而快速响应市场需求。ASTM 2.0 已为客户和会员实现下列功能：

（1）开发新数字化工具，协助各标准化技术委员会履行花名册维护等管理职能。

（2）利用其数据库 Compass 平台开发动态网页，为用户提供个性化新闻，提供 PDF 文档动态版本比较、对笔记进行分类的颜色编码注释等服务，开发更具响应性的移动端平台。

（3）开发标准生成器平台 SpecBuilder 连接功能，根据客户需求，将客户关系管理系统与 SpecBuilder 无缝集成，以同步信息。

（4）实现会员中心与信息平台的互联互通，强化在线标准制修订功能，达成标准制修订与标准信息发布一站式管理。

ASTM 利用数字化转型契机，与美国纺织化学家和染色师协会（American Association of Textile Chemists and Colorists，AATCC）合作，将 AATCC 标准在线化，整合两大组织的纺织品标准和其他产品至 Compass 平台中，为用户提供来自两个组织的高质量工具和资源，确保产品质量，推动产品开发。

案例三：

美国保险商实验室（UL）于 2020 年启动了"现代标准计划"（Modern Standards Program），希望通过实现更广范围的标准全过程共享与协作。该计划对 UL 内部流程、数字平台和利益相关者参与模式进行全面改革，优化标准制定方法，迅速适应快速变化和发展的世界。该计划的主要任务包括：

（1）更新或重建数字平台，以提供功能更强、可访问的、最先进的设计。

（2）通过自动化数据分析，支持决策，从而创新组织运营。

（3）共享信息，为更多国际参与者提供合作平台，从而为标准技术小组带来多样化的输入，同时提升用户体验。

通过该计划，UL 开发的协作标准开发系统（Collaborative Standards Development System，CSDS）为其标准制定过程提供在线审查和信息提交功能，并与标准信息平台实现了互联互通；开发内部工具简化项目管理，便于标准开发人员操作；2022 年 2 月，开启了新的标准利益相关者社区，分享标准经验、偏好和想法，为 UL 的标准决策提供输入。

此外，UL 通过在线数据库，与已通过 UL 认证、评估的制造商开展合作，共享数据。如电池储能领域的 Natron Energy、Enphase Energy 等公司均在数据库中公开披露了其测试结果。

通过上述案例可见,美国标准组织利用数字化工具,为标准工作者打造了全新的数字化工作环境:一是升级多种数字化工具,持续优化数字化工具集,快速向集成式数字工作环境过渡;二是开发在线平台,将标准制修订全过程高效化、透明化、统一化;三是采用结构化编写工具,促进机器可读标准的实践应用。这些举措不仅可方便标准制修订,推动多方协作,提升标准开发的效率和质量,同时也可以提高标准检索和采用效能,更好地满足标准使用需求,尤其有利于加强与产业的密切合作,实现技术、标准和合格评定等多方面的无缝衔接。

可以说,美国的民间标准组织在全球标准界的数字化转型中已经走在了前列。这种前瞻性布局,不仅为其自身能力的提升提供了充分的技术输入,更进一步强化了"国际性标准组织"的战略定位,有助于汇聚全球智力资源,推广本组织制定的标准。

第四节 一种模式:标准协作机制及其标准路线图

一、ANSI 标准协作机制

新兴技术标准协作机制是美国国家标准学会(ANSI)牵头开展的一种标准共同推进模式。这一模式采用循序渐进、螺旋上升的培育方式,以需求为导向,推动标准支撑政策、科技、产业协同发展。

(一)基于共同的需求

标准协作机制并不是美国针对各个产业或技术领域,统筹规划标准发展路径。它是由 ANSI 与政府、产业界、学术界等相关方,根据美国整体战略需求以及政策、技术和市场实际,对技术发展趋势及其与美国优先关注事项间的关联性评估,从而确定具体涉及领域。因此,标准协作机制实质上是 ANSI 为新兴技术领域利益相关方提供的一个高效协作平台,满足政府、标准制定组织、科研和学术机构、企业、行业组织各方的标准化共性需求,推动标准支撑政策、科技、产业协同发展。目前,标准协作领域已经由最初的信息技术、纳米技术、生物燃料向商业航天、人工智能、智慧城市、可持续发展、电动汽车、增材制造等更多领域延伸[①](表4-2)。

表4-2 近年 ANSI 标准协作机制重点项目

项目周期	项 目 名 称
2003 年至今	国防安全标准化协作平台（Homeland Defense and Security Standardization Collaborative, HDSSC）
2004 年至今	纳米技术标准专家组（Nanotechnology Standards Panel, ANSI-NSP）
2009—2015 年	核能标准化协作平台（ANSI-NIST Nuclear Energy Standards Coordination Collaborative, NESCC）
2010 年	网络安全研讨会
2011 年至今	电动汽车标准专家组（ANSI Electric Vehicles Standards Panel, EVSP）
2012—2016 年	能效标准协作平台（ANSI Energy Efficiency Standards Coordination Collaborative, EESCC）
2013—2016 年	智慧与可持续城市发展论坛（ANSI Network on Smart and Sustainable Cities, ANSSC）
2016 年至今	增材制造标准化协作平台（America Makes & ANSI Additive Manufacturing Standardization Collaborative, AMSC）
2017 年至今	无人机驾驶飞机系统标准协作平台（Unmanned Aircraft Systems Standardization Collaborative, UASSC）
2018—2019 年	膳食补充剂标准化协作研讨会
2020—2021 年	医疗卫生相关人工智能标准化研讨会
2020—2021 年	标准化和商业航天研讨会
2022 年至今	微电子标准化的全球供应链安全研讨会
2024 年至今	基于标准驱动的关键和新兴技术公私伙伴关系研讨会（Standards-Driven PPP for CETs）

---

① 戴宇欣,霍哲珺.美国新兴技术领域标准协作机制研究[J].质量与标准化,2023(5):35-37.

在实施层面，标准协作活动也根据新兴技术高速迭代更新的特征，结合技术发展和行业需求等因素，由相关方共同确定是否需要一个兼具系统性和通用性的标准发展路径。因此，标准协作机制一般采用由研讨会升级为标准协作平台（专家组）的渐进活动方式。ANSI 对初步识别的标准协作需求，以一系列的研讨会作为起点，帮助利益相关方建立联系和分享信息。研讨会内容包括主题演讲、专题讨论、下一步的工作计划和未来参与者等，并持续深化和聚焦，从而使利益相关方能够及时掌握信息。如果相关新兴技术领域存在标准制定组织和标准数量繁多，现行标准存在交叉或重复，同时下一阶段标准需求迫切等情况，那么 ANSI 将与利益相关方协商，进一步成立标准协作平台。

（二）开放的工作机制

标准协作平台并不是隶属于 ANSI 的一个技术机构，而是由 ANSI 独立或联合行业权威机构发起成立。平台由来自政府和民间的两名代表任联合主席共同领导[1]，成员包括相关的政府部门、企业、社会组织和高等院校等。参与各项活动的成员不受 ANSI 会籍限制，活动牵头机构不受组织性质限制。该机制还对国外开放，欧盟、日本、加拿大等国家的企业和技术机构也参与了多个标准协作平台。例如，参与无人机驾驶飞机系统标准路线图（2.0 版）制定的国外组织有加拿大标准协会（Canadian Standards Association，CSA）、世界经济论坛（World Economic Forum）、国际规范委员会（International Code Council，ICC）、北大西洋公约组织（North Atlantic Treaty Organization，NATO）等[2]。

---

[1] American National Standards Institute (ANSI). Framework: ANSI Energy Efficiency Standardization Coordination Collaborative (EESCC)[EB/OL]. [2025-01-15]. https://share.ansi.org/EESCC/EESCC_Framework.pdf.
[2] American National Standards Institute (ANSI). ANSI Unmanned Aircraft Systems Standardization Collaborative (UASSC). Standardization Roadmap For Unmanned Aircraft Systems (Version 2.0)[EB/OL]. (2020-06) [2025-01-15]. https://share.ansi.org/Shared%20Documents/Standards%20Activities/UASSC/ANSI_UASSC_Roadmap_V2_June_2020.pdf.

虽然运作机制开放，但是美国也注重保护本国利益，因此平台设指导委员会，负责成员招募，并规划和指导工作实施及其成果交付，而这一指导委员会则只能由美国自己的机构组成①。

覆盖范围较大的协作平台进一步细分为若干专项工作组，从而使各自的标准协作工作更为聚焦。每个工作组一般设置1～2位主席或联合主席，负责对工作组的战略目标、工作安排和工作成果等进行指导。如增材制造标准化协作平台（AMSC）根据专业领域分设了9个工作组，包括WG1（设计）、WG2（前体材料）、WG3（过程控制）、WG4（后期加工）等②。

（三）面向未来的成果输出

标准协作活动的目的并非制定标准，而是规划、指导和推动新兴技术领域的标准化活动。因此，其成果形式主要包括合作框架、标准路线图（含标准汇编）、评估报告。

合作框架也称为联合倡议，对标准协作平台（专家组）的使命愿景、目标任务、可交付成果、运行准则、组织管理、资助模式和工作人员等方面进行明确规定。

标准路线图主要围绕新兴技术领域急需制定的标准开展标准差距分析，对需要增加标准化工作投入和开展标准化预研的优先事项提出相关建议。标准路线图一般还包括配套的标准汇编或标准数据库，详细阐述相关新兴技术领域已有的标准和正在制定的标准的总体现状，从标准的适用范围、应用领域、与标准路线图的对应关系等不同维度

---

① American National Standards Institute (ANSI). Nuclear Energy Standards Coordination Collaborative (NESCC). Nuclear Energy Standards Coordination Collaborative Framework[EB/OL]. (2013-11-07) [2025-01-15]. https://share.ansi.org/shared%20documents/Meetings%20and%20Events/NESCC/NESCC-Framework-1113.pdf.

② America Makes & ANSl Additive Manufacturing Standardization Collaborative (AMSC). Standardization Roadmap For Additive Manufacturing (Version 3.0)[EB/OL]. (2023-07-17) [2025-01-15]. https://share.ansi.org/Shared%20Documents/Standards%20Activities/AMSC/AMSC_Roadmap_July_2023.pdf.

进行分类梳理。

在标准协作活动推进过程中，ANSI 鼓励对工作成果进行总结评估后形成工作报告，对标准路线图中各项目标的实施情况进行全面评估，为后续推进提供指引。较为典型的工作报告有专题报告、进展调研报告、工作组报告、会议报告等形式。

总体来说，ANSI 标准协作机制与美国科技政策和标准战略重点高度契合，协同策划各项标准协作活动。协作活动不以制定标准为输出成果，而是通过建立跨部门合作框架、提出标准路线图，持续评估标准工作成效等顶层设计措施，推动标准协作活动取得成效。同时，ANSI 把满足技术发展和实际需求作为出发点和落脚点，持续在产业和技术层面探索对新兴技术发展的标准化解决方案，确保协作活动始终与技术发展方向和市场需求保持一致。

（四）服务国家标准战略

如本章第一节所述，《美国政府关键和新兴技术国家标准战略》（USG NSSCET）的出台，进一步强化了美国政府在领导和参与标准化活动中的角色，更加强调要在基于规则的条件下，通过政府战略、经济政策、社会参与、投资等方式推动私营部门的标准创新，包括通过公私合作为关键和新兴技术规划标准路线图，如《NIST 云计算标准路线图》、ANSI 纳米技术标准专家组。

为此，ANSI 标准协作机制于 2024 年启动"基于标准驱动的关键和新兴技术公私伙伴关系研讨会"项目，旨在推动 USG NSSCET 的贯彻实施。目前，该研讨会已于 2024 年 7 月中下旬举办"人工智能（AI）和机器学习（ML）会议"和"自动驾驶和互联基础设施"两场头脑风暴，推动行业代表、标准制定组织、政府和学术界等利益相关方探讨关键技术和新兴技术的机遇、挑战和标准技术准备情况，剖析如何通过公私合作实现信息共享、确定标准研制优先级。此外，该研讨会已围绕"公私伙伴关系的驱动力是什么?""公私伙伴关系长期和短期标准化目标及其成果评估""公私伙伴关系的实施方法和主要成果"等方面征求意见,后续将通过系统评估,探析标准驱动型公私伙伴关系的成功经验和典型模式。

二、标准路线图

严格意义上来说,标准路线图并不是一个独立的工作模式,而是ANSI 标准协作机制中的一个输出成果。目前,美国通过标准协作机制,先后在电动汽车、增材制造、无人机等 10 多个领域开展标准路线图规划工作。标准路线图的编制过程注重平衡各方利益、需求和发展,通过确定目标、识别差距、提出措施、界定优先级等步骤,保障标准路线图具备前瞻性和实用性。

(一)识别目标与差距

目标的设定界定了标准路线图的覆盖范围。从总体目标来看,标准路线图旨在协调行业发展、对接监管需求和推动技术普及。对于具体所涉产业或技术而言,则是由工作组进一步根据总体目标,通过需求调研,结合行业和技术实际,分析当前状况和展望未来标准化前景,设定相应的具体目标。如在电动汽车标准路线图编制中,确定其具体目标为解决电池安全、性能和互操作性问题,从而支持和促进电动汽车的大规模发展。

根据具体目标,工作组进一步识别现状与具体目标之间的差距。根据 ANSI 的定义,"差距"是指现行的标准、规范、法规、政策无法适用于特定的问题,存在缺失现象[1]。通过梳理相关的已发布和研制中的标准,包括国际标准、美国国家标准、标准制定组织标准和可采用

---

[1] American National Standards Institute (ANSI). Electric Vehicles Standards Panel (EVSP). Roadmap of Standards and Codes for Electric Vehicles at Scale[EB/OL]. (2023-06-15) [2025-01-15]. https://share.ansi.org/evsp/ANSI_EVSP_Roadmap_June_2023.pdf.

的其他国家标准等,确定存在哪些差距。

标准路线图同样纳入了相关美国政府部门的利益诉求。如电动汽车标准路线图通过制定标准提升电动汽车的安全性、环保性,已成为美国政府推动清洁能源发展的重要策略之一;无人机系统标准路线图的制定明显呈现出政府导向,旨在以标准促进无人机顺利融入国家航空系统。总体来说,路线图并不追求大而全,而是考虑对产业有直接和间接影响的关键问题,力求在重点领域标准缺失问题上取得突破。

(二)措施与优先级

对识别出的差距提出措施建议和确定优先级是标准路线图的核心。工作组针对每一项差距提出对应的解决措施,根据关键性、可实现性、资源需求、效果进行综合评分并设立优先时间表(表4-3)。优先级分为高(应在2年内解决)、中(应在2~5年内解决)和低(应用5年以上的时间解决)三类,并指出可实现相关任务的标准制定组织或其他机构。

表4-3 标准路线图优先级矩阵(以电动汽车为例)

评价指标	指标含义	分值分布
关键性	主要涉及对安全和质量的影响,分析该项工作的重要程度,确定是否必须由标准来解决存在的问题,以及缺乏标准的后果	3—关键 2—较关键 1—不关键
可实现性	主要包括需要的完成时间,分析在当前阶段开展这一标准化工作的意义,是否存在更佳的替代选项,是否正在开展的工作或是需要全新的投入	3—项目即将完成 2—项目进行中 1—新项目
资源需求	包括项目所需的工作、资金等投入,分析当前已有的信息、工具和资源,以及是否需要开展标准预研究	3—资源需求量低 2—资源需求量适中 1—资源需求量高
效果	即投资回报率,评估项目完成后对行业将产生怎样的影响	3—高回报 2—回报适中 1—低回报

得分排名:① 高优先级——得分为10~12分;② 中优先级——得分为7~9分;③ 低优先级——得分为4~6分。

对于开展标准化尚不成熟的领域，标准路线图则提供替代方案或列为待处理事项。如增材制造标准路线图指出，由于暂未解决消费者桌面 3D 打印市场相关问题，因此相关标准化问题留待后期处理。

最后，形成标准汇编。在差距分析的基础上，标准路线图进一步提供详尽的标准汇编。汇编根据标准路线图的目的，设置专业分类主题，每一主题包含所涉及的技术问题，全面分析现行的和在研的相关标准、适用范围、应用领域、与标准路线图的对应关系等[1]。

（三）评估更新和持续改进

ANSI 建立了有效的标准路线图评估更新机制，定期评估标准路线图的实施效果，并根据技术发展和市场需求的变化，推进路线图内容的扩充或聚焦。

标准工作组依据标准制定组织、行业专家、预警信息和技术研究的反馈，持续发布半年度差距进展报告。报告根据标准路线图中明确指出的差距，追踪最新发布的标准、标准制定组织的标准计划，以及对标准路线图的更新建议，旨在将标准路线图保持为动态文件，以适应美国技术发展的步伐。基于差距进展报告，标准工作组进一步开展标准路线图应用状况调研，公开征集关于路线图对技术领域的覆盖程度、标准差距是否已被识别、标准建议是否完善、未涉及和无差距领域的标准化活动状况等问题的反馈，以此来确定是否对现行版本进行更新[2]。

例如，2017 年，受航空航天、国防及医疗行业的影响，ANSI 发布了第一版《增材制造标准化路线图 1.0》，该版本以金属增材为主要关

---

[1] American National Standards Institute (ANSI). ANSI EVSP Roadmap Standards Compendium[EB/OL]. (2014-11-26) [2025-01-15]. https://share.ansi.org/evsp/ANSI_EVSP_Roadmap_Standards_Compendium.xls.
[2] 张笑雪，施琴. 美国标准路线图模式解析［J］. 质量与标准化，2024（3）：42-44.

注领域；2018年，针对电子和电气行业的新需求，增材制造标准化路线图升级为2.0版，拓展至聚合物增材；2023年发布的路线图3.0版，进一步关注采用增材制造技术的工业市场领域，扩大了增材在其他行业的应用，包括石油和天然气以及核能等行业。

可见，ANSI通过标准路线图评估更新机制，确保路线图反映技术和市场需求。一方面，对差距进行分析，启动相应的标准预研究项目；另一方面，通过动态监控抓住重点科技领域成果转化为标准的契机。在一定意义上，可以说美国的标准路线图也是一份行业或技术深度的研究报告，具有前瞻性。

第五章

合作与输出：
与伙伴关系深度捆绑的合纵连横

> "为全球经济制定标准不能只依靠传统盟友，美国还需与南半球的新兴经济体进一步接触。"
> ——2022 年 11 月，美国商务部长吉娜·雷蒙多（Gina Raimondo）在美国麻省理工学院就美国竞争力与中国挑战发表演讲

第一节 新型的小院高墙：跨大西洋标准合作及其扩张

一、"小院高墙"与"去风险"的同盟语境

"小院高墙"这一概念最早出现在美国前国防部长罗伯特·盖茨（Robert Gates）的演讲中，是美国对外层空间高技术知识产权进行保护的一种备选项。2018 年 10 月，"新美国"智库（New America）研究员诺兰德·拉斯凯（Lorand Laskai）和赛姆·萨克斯（Samm Sacks）在《外交事务》撰文，再度将这一概念引入对华科技封锁领域，其基本内涵在于建议美国政府筛选对国家安全至关重要的技术，并采取各类措施进行保护。根据萨克斯的表述，"小院"意指与国家安全相关的特定

技术与研究领域,"高墙"则指一定的战略边界,"小院"之内的核心技术将得到"高墙"的保护,而"小院"之外的技术则仍有对外交流的余地①。"小院高墙"的核心在于从"全面脱钩"转向"精准脱钩",从"全面竞争与对抗"转向长期持续的"精准对抗与精准合作"。"小院高墙"的表现形式之一为美国政府鼓吹中国安全威胁论,试图拉拢本国企业和外国盟友在全球市场和全球科技供应链上全面孤立中国②。

2023年1月,欧盟委员会主席乌尔苏拉·冯德莱恩(Ursula von der Leyen)在世界经济论坛发表演讲,提出对华需关注"去风险"而非"脱钩"(focus on de-risking rather than decoupling),强调将动用政策工具调查中方的不公平竞争行为,但在过渡时期,仍然需要与中国保持合作和贸易③。4月27日,美国国家安全顾问杰克·沙利文(Jake Sullivan)在美国智库布鲁金斯学会演讲时表示,美国寻求降低风险和多样性,而不是"脱钩"(We are for de-risking and diversifying, not decoupling)④。2023年5月20日,《七国集团广岛峰会领导人公报》(G7 Hiroshima Leaders' Communiqué)指出,七国将加强深化伙伴关系,通过降低风险而非脱钩以提高经济的韧性和安全性(Coordinate our approach to economic resilience and economic security that is based on diversifying and deepening partnerships and de-risking, not de-coupling)⑤。

---

① LASKAI L, SACKS S. The Right Way to Protect to American Innovation[EB/OL]. (2018-10-23) [2025-01-15]. https://www.foreignaffairs.com/articles/2018-10-23/right-way-protect-americas-innovation-advantage.
② 周康林,张悦然. 如何看待美国政府对华科技打压的"小院高墙"策略?[R]. 美国观察:84.
③ European Commission. Special Address by President von der Leyen at the World Economic Forum[EB/OL]. (2023-01-17) [2025-01-15]. https://ec.europa.eu/commission/presscorner/detail/en/SPEECH_23_232.
④ The White House. Remarks by National Security Advisor Jake Sullivan on Renewing American Economic Leadership at the Brookings Institution[EB/OL]. (2023-04-27) [2025-01-15]. https://www.whitehouse.gov/briefing-room/speeches-remarks/2023/04/27/remarks-by-national-security-advisor-jake-sullivan-on-renewing-american-economic-leadership-at-the-brookings-institution/.
⑤ The White House. G7 Hiroshima Leaders' Communiqué[EB/OL]. (2023-05-20) [2025-01-15]. https://www.whitehouse.gov/briefing-room/statements-releases/2023/05/20/g7-hiroshima-leaders-communique/.

在对华"去风险"概念提出之前,美欧并未找到合适的共同概念,既能充分容纳彼此分歧,又足以让双方凝聚共识,且适合在全球范围内炒作,引导其他地区的盟友和伙伴在中国问题上进行合作。自"去风险"概念提出以后,美欧终于形成联手推进"趋同存异"的对华"去风险"进程。可以说欧盟"去风险"概念的提出,为美国寻求"共同但有区别"的对华立场提供了契机[①],以"小院高墙"与"去风险"构筑统一的美欧同盟语境,以此构建跨大西洋制衡中国的战略体系。

二、美欧标准化合作的总体趋势

美国和欧盟在标准领域存在着竞争与合作并存的关系,双方既是盟友也是对手。从历史上看,美国和欧盟在国际标准化组织(ISO)、国际电工委员会(IEC)等国际标准组织中往往站在各自的立场,秉持不同的观点,争夺各自利益的最大化。2000年,NIST原主任雷蒙德曾经在对美国国会的发言中称:"ISO、IEC和ITU管理层最近给世界贸易组织的来文建议,只有那些按照某些原则运作的国际组织,包括将成员资格限于适当的国家机构,才应被世贸组织承认为国际标准化机构。虽然美国政府强烈反对这种特殊地位,但欧洲人会很高兴看到这种情况发生,并希望看到ISO和IEC与欧洲区域标准组织(CEN和CENELEC)之间的联系更加紧密,以便欧洲标准可以更容易地进入ISO和IEC。当然,这些密切的联系应该重新评估,因为它们使世界其他地区处于不利地位,并排除了它们的技术。"

但近10年来,合作占据了上风。一是全球经济增长趋缓,双方日益重视标准和合格评定的协同,从而减少了贸易壁垒;二是在新兴经

---

① 柯静. 美欧对华"去风险"战略及其对中国的影响[J]. 太平洋学报,2023,31(8):31-44. DOI:10.14015/j.cnki.1004-8049.2023.08.003.

济体崛起的背景下，美欧试图通过强强联手将美欧标准作为国际标准的基础，保持美欧在国际规则制定中占据主导地位。

奥巴马政府重视多边主义、气候变化等主题，与欧洲国家的国际治理理念相近，这为美欧合作营造了良好的氛围。2013 年 6 月，美欧启动《跨大西洋贸易与投资伙伴关系协定》(Transatlantic Trade and Investment Partnership，TTIP) 谈判。该协定致力于在欧盟和美国共 29 个国家之间建造自由贸易区，以减少并消除规制性障碍和非关税壁垒。其中，标准是 TTIP "监管问题和非关税壁垒" 领域谈判的重要内容。TTIP 强调美国和欧盟在产品技术法规和标准领域相互协调，要求一方制定技术法规和标准时综合评估其对对方贸易的影响，并允许参与彼此标准制定过程。2014 年 9 月，欧盟贸易委员安娜·塞西莉亚·马尔姆斯特伦（Anna Cecilia Malmstrom）在任职听证会上表示："如果世界上两个最大的贸易强国（区域）能够就标准问题达成一致，那么这些标准将成为国际合作制定全球标准的基础[1]。"

然而，TTIP 经历 15 轮谈判始终未能达成自贸协定。随着特朗普政府上台，TTIP 逐渐被终止。特朗普与前任政府对于盟友关系的认知和政策有较大不同，主要采取 "美国优先" 的态度并迅速调整了对欧洲的经贸政策。首先，特朗普终止了历时 5 年的 TTIP 谈判。其次，2018 年 3 月，特朗普以国家安全为由宣布自当年 6 月 1 日起向欧盟钢铁和铝加征关税，引起了欧盟的关税反制，随后美国还威胁对欧洲进口汽车和汽车零部件征收高达 25% 的关税。这一系列摩擦启动了新一轮美欧贸易战，将美欧经贸关系一度置于紧张状态。

2018 年 7 月，美欧关系有所缓和，双方发布联合声明表示将暂

---

[1] European Union. Highlights from the European Parliament hearing of Cecilia Malmstrom European Commissioner for Trade[EB/OL]. (2014-09-29) [2025-01-15]. https://www.europarl.europa.eu/RegData/etudes/BRIE/2014/536417/EXPO_BRI (2014)536417_EN.pdf.

缓关税行动,共同推进"零关税、消除非关税贸易壁垒、消除对非汽车工业产品的补贴",并就标准问题展开紧密对话。根据《2018年7月25日欧盟—美国联合声明执行进展报告》(*Progress Report on the Implementation of the EU-U.S. Joint Statement of 25 July 2018*),美欧标准合作在药品、医疗器械和网络安全三个领域取得了显著进展,具体包括互认药物检查系统并进一步扩大涵盖药品的范围、实施医疗器械单一审核程序、对双方医疗器械数据库进行兼容性测试、欧盟表示未来制定网络安全标准时考虑包括美国标准制定组织制定的标准在内的全球相关标准等。同时,美欧认为"合作制定共同标准的战略意义空前重大",强调一方面在国际标准制定机构的框架内加强合作与协调;另一方面在3D打印、机器人、智能网联汽车等新兴技术相关战略领域深化合作,并明确指出"新兴技术领域的标准合作可能成为应对中国等第三国为影响未来标准而做出努力的关键举措"。

在经历了特朗普政府以贸易、数字和税收政策摩擦为标志的困难时期后,美国总统的更迭为大西洋伙伴关系带来了新的变化,美欧双方为了修复因特朗普时代的贸易争端而恶化的关系,围绕规则、标准等议题频繁开展合作和交流。2021年9月,拜登在第76届联合国大会发言说:"我们恢复了与欧盟的接触,欧盟是解决当今世界面临的各种重大问题的基本伙伴[①]。"

在一定程度上,拜登延续了特朗普政府的竞争政策并赋予新的举措,其显著特点包含两个方面:一是重点转向新兴技术和产业领域,抗衡中国等新兴经济体的崛起、抢占国际规则制定权的战略和地缘政

---

① The White House. Remarks by President Biden Before the 76th Session of the United Nations General Assembly[EB/OL]. (2021-09-21) [2025-01-15]. https://www.whitehouse.gov/briefing-room/speeches-remarks/2021/09/21/remarks-by-president-biden-before-the-76th-session-of-the-united-nations-general-assembly/.

治意味更加明显；二是变"单边主义"为"协调单边"，以美国为核心，形成了"区域合作＋双多边合作""发达国家＋发展中国家"的合作布局，与印太、东盟等区域构建"印太经济框架""美国—东盟全面战略伙伴关系"，与日本、韩国、印度等国家开展"三边经济安全对话""关键和新兴技术倡议"等合作，多圈层、全方位推动标准联盟布局。在这一系列的以美欧为核心、树起标准领域"小院高墙"的"协调单边"举措中，最为重要最为典型的，可以认为是欧美贸易技术理事会的成立。

三、欧美贸易技术理事会

2021年6月，美欧峰会在布鲁塞尔召开。会后发布《走向新的跨大西洋伙伴关系》联合声明，指出美国和欧洲将推动数字转型，促进贸易和投资，加强技术和产业领导地位，推动创新发展，保护并推广关键和新兴技术。峰会宣布决定成立欧美贸易技术理事会（EU-U.S. Trade and Technology Council，TTC），在开发和部署新技术方面开展合作[①]。TTC侧重于高科技领域的技术和经贸合作，具体目标包括：

（1）在技术、数字问题和供应链方面，协调和寻求共同点，加强全球合作。

（2）支持美国和欧盟机构间合作研究和交流，合作制定国际标准。

（3）提升美国和欧洲企业的创新和领导力。

（4）扩大和深化双边贸易和投资关系，避免出现新的不必要的技术性贸易壁垒。

（5）促进监管政策的趋同，并加强执行方面的合作。

（6）加强其他领域的合作。

---

① 张笑雪，戴宇欣. TTC框架下欧盟和美国人工智能标准化合作重点分析［J］. 质量与标准化，2024（1）：43-45.

在运作上，TTC 以政府间会议推动决策实施，以每年两次的部长级会议为核心驱动，同时强调通过政府、产业界、学术界等多方参与和合作来推动决策的实施，确保共同协调美欧技术工作。美国和欧盟在 TTC 中有 5 名联合主席，分别为：美国国务卿安东尼·布林肯（Antony Blinken）、美国商务部部长吉娜·雷蒙多（Gina Raimondo）、美国贸易代表戴琪（Katherine Tai）、欧盟委员会执行副主席兼欧盟竞争事务专员玛格丽特·维斯塔格（Margrethe Vestager）、欧盟委员会执行副主席兼欧盟贸易委员瓦尔迪斯·东布罗夫斯基（Valdis Dombrovskis）。

TTC 的工作范围涵盖了科技标准的合作、气候和清洁技术、信息和通信技术安全与竞争、数据治理和技术平台、供应链安全等 10 个领域，并对应设立了 10 个工作组，每个工作组分别由美欧各相关机构牵头组织，详见表 5-1。

表 5-1 欧美贸易技术理事会工作组情况[①]

欧美贸易技术理事会（TTC）				
序号	TTC 工作组	主题	美国负责部门	欧盟负责部门
1	科技标准的合作	人工智能、物联网；生物技术、医药产品、医疗器械；增材制造、机器人、区块链、其他新兴技术	美国商务部	通信网络、内容和技术总局；内部市场、工业、创业和中小企业总局
2	气候和清洁技术	涉及贸易和技术的气候、能源和环境倡议	美国国务院；美国贸易代表办公室；美国能源部	通信网络、内容和技术总局；气候行动总局

---

① 参考彼得森国际经济研究所（Peterson Institute of International Economics）研究报告。

续 表

欧美贸易技术理事会（TTC）				
序号	TTC 工作组	主　　题	美国负责部门	欧盟负责部门
3	供应链安全	半导体；电池、关键矿物质、活性药物成分	美国商务部；美国国务院	欧盟贸易总司；内部市场、工业、创业和中小企业总局；通信网络、内容和技术总局
4	信息和通信技术安全与竞争力	数据安全标准；安全、有弹性且多样化的电信和 ICT 基础设施供应链、5G/6G	美国国务院；美国商务部	通信网络、内容和技术总局
5	数据治理和技术平台	建立技术平台、内容监管、定向广告和大数据使用的责任	白宫	通信网络、内容和技术总局；欧盟司法与消费者总司
6	科技滥用导致安全和人权威胁	应对网络威胁和用于侵犯人权的技术；解决信息操控或虚假信息活动问题	美国国务院	通信网络、内容和技术总局；欧洲经济分析局；欧盟司法与消费者总司
7	出口管制	协调出口管制，改善信息共享并评估敏感和新兴技术的风险，包括影响人权的监控技术	美国商务部；美国国务院	欧盟贸易总司
8	投资筛查	完善外商投资入境审查信息共享	美国财政部；美国国务院	欧盟贸易总司
9	中小企业取得和使用数字技术	帮助中小企业接触更多客户，确保数字技术惠及服务不足的社区	美国商务部	内部市场、工业、创业和中小企业总局；通信网络、内容和技术总局
10	全球贸易挑战	针对非市场经济体的贸易政策；避免相互之间出现新的技术贸易壁垒；贸易和劳工，包括强迫劳动；其他	美国贸易代表办公室	欧盟贸易总司

在一定程度上，标准是 TTC 的核心话题，也是美欧双方合作的关键领域。2021 年 9 月 29 日，美国国务卿布林肯在 TTC 部长级会议后

的讲话中进一步强调："我们（美国和欧盟）总共占世界国内生产总值（GDP）的42%～43%。当我们共同努力时，我们拥有一种独特的能力来帮助制定规范、标准和规则，这些规范、标准和规则将管理技术的使用方式，而这些技术将影响几乎所有公民的生活。我们有能力设定模式，设定标准①。"

也是正因为此，技术标准工作组成为TTC的第一工作组。根据TTC第一次会议上确定的工作范围，技术标准工作组的任务是"制定人工智能等关键和新兴技术标准的协调与合作的方法，通过建立正式和非正式的合作机制，分享有关特定技术领域的技术提案信息，并寻求机会就国际标准活动进行协调，维护美欧共同利益"。美国国务院政策规划部主任萨勒曼·艾哈迈德（Salman Ahmed）也将TTC描述为"一个专门制定贸易和技术方面最重要的规则、规范和标准的论坛"②。

2022年5月，TTC召开了第二次TTC会议，进一步明确了具体工作重点，并宣布了在技术标准领域的工作措施和成果，主要包括：

（1）在技术标准工作组下成立人工智能（AI）子小组，推进关键和新兴技术领域标准协调与合作，并负责协调其他工作组中有关AI的行动。

（2）建立了美欧战略标准化信息（Strategic Standardization Information，SSI）机制，识别威胁美欧利益的标准化活动，从而采取协调一致行动。这一机制也被视为美欧"标准合作的启动平台"。

（3）确定增材制造和重载充电站兆瓦级充电系统领域的合作范围，并拓展到数字身份、物联网等领域。2022年底前，美欧将形成更全面

---

① U.S. Department of State. Remarks After the U.S.-EU Trade and Technology Council Ministerial[EB/OL]. (2021-09-29) [2025-01-15]. https://www.state.gov/secretary-antony-j-blinken-secretary-of-commerce-gina-raimondo-ambassador-katherine-tai-u-s-trade-representative-valdis-dombrovskis-executive-vice-president-for-an-economy-that-works-for-peop/.
② Center for Strategic and International Studies (CSIS). The U.S.-EU Trade and Technology Council Assessments and Recommendations[EB/OL]. (2022-11) [2025-01-15]. https://www.csis.org/analysis/us-eu-trade-and-technology-council-assessments-and-recommendations.

的战略优先合作领域清单。

（4）与第 9 工作组（促进中小企业获取和使用数字技术）协调，共同加强中小企业和利益相关方在国际标准化组织中的参与以及相关标准的获取。

（5）与标准制定组织进行协调，确保 TTC 的成果为标准制定组织未来的工作提供有用信息。同时，启动预标准化工作，开展标准预研究，以促进协调和制定互操作性技术标准。

从 2021 年宣布成立至 2024 年初，TTC 共举行了 6 次部长级会议。从历次会议的内容来看，TTC 正在聚焦重点技术领域和扩大合作伙伴范围方面持续推进。

首先，TTC 改变了美欧传统上以商贸领域为重点开展标准合作，而是聚焦科技，将"保持美国和盟国在科技领域的领导地位"作为目标。这既体现在联合发布《可信人工智能和风险管理评估和测量工具联合路线图》《欧盟—美国超越 5G 和 6G 路线图》等指导性文件、围绕量子技术和数字身份成立联合工作组并提出明确的标准合作方向等重点举措上；更体现在美欧日益重视在标准化的前期形成合作，强调标准与技术协调促进产业链发展的重要性方面。这种合作包括建立联合技术竞争政策对话（Technology Competition Policy Dialogue，TCPD）机制、拓展欧盟联合研究中心（JRC）和美国国家标准与技术研究院（NIST）的合作领域、重点加强技术领域竞争政策和执法要求的协调、开展研究机构之间的人员交流，以及在关键和新兴技术领域开展标准预研究。

其次，TTC 虽然以政府间会议为主要工作方式，但在实施上更加重视标准的所有相关方，提出要联合利益相关方全方位构建跨大西洋标准合力，包括吸纳企业界、消费者组织、环保组织和其他非政府组织等共同建立广泛的跨大西洋合作。TTC 尤其重视中小企业参与标准制定，明确指出工作组之间协调加强中小企业在标准中的参与和资源获取，在 TTC 第四次会议进一步提出美欧将继续商讨如何满足中小企业参与国际标准化活动的需求和路径，并在第六次会议提出关于加强中小企业知识产权和标准信息共享的政策建议。

最后，值得关注的是，TTC 并不仅仅是美欧之间的跨大西洋标准合作，更应当将之看作美欧加强标准同盟关系，推动标准扩张，意在吸引更多盟友（尤其是新兴经济体）加入，进一步拓展合作版图。例如，美欧在 TTC 框架下，为牙买加、肯尼亚、哥斯达黎加、菲律宾等发展中国家提供标准项目支持，吸纳更多国家参与美欧数字互联互通部长级圆桌会议。此外，通过印太标准与技术合作计划等安排，美国正在着力与泰国、印度尼西亚、东盟等开展交通、能源、电信、医疗保健和农业等标准与合格评定的合作。

四、政治正在侵蚀标准

早在美国前总统奥巴马为 TTIP 辩护时就已经强调："……想要在世界上增长最快的地区制定规则……我们为什么要让它发生？我们应该制定这些规则[①]。"TTC 联合声明中更是多次提及"非市场经济体所带来的挑战""滥用技术威胁安全和人权"等表述，其"以共同民主价值观为基础制定政策"的宣言也含有意识形态之意。欧盟官员曾向《南华早报》透露，"TTC 是一次试运行，旨在确定世界三大经济体中的两大经济体如何在长期存在的不满情绪上携手对抗第三大经济体"。美国国务卿布林肯在 TTC 第四次会议后接受采访时表示，"美欧在面对包括中国挑战在内的一系列问题时有显著共识"。

---

① The White House. Remarks by the President in State of the Union Address[EB/OL]. (2015-01-20) [2025-01-15]. https://obamawhitehouse.archives.gov/the-press-office/2015/01/20/remarks-president-state-union-address-january-20-2015.

这一系列的表态显示，原本用于促进贸易便利化、降低非关税贸易壁垒的技术标准，正在逐渐演变为美欧政治同盟的工具，或至少也是受到了政治的侵蚀，标准合作已进一步被纳入美国主导的政治对话机制或政治安排。

2022年2月，美国拜登政府发布执政以来的首份印太战略文件《美国印太战略》(U.S. Indo-Pacific Strategy)，概述了拜登政府更牢固地瞄定印太地区的愿景，聚焦与印太地区内外的盟友、伙伴和机构进行持续和创造性合作，努力打造一个"开放、互联、繁荣、有韧性且安全"的印太地区。该战略提出了五大目标，并列出十项行动计划，其中标准化被用于互联网体系建设、数字经济框架构建、新兴技术发展的合作中，强调要"维护国际标准机构的完整性，并促进基于共识、与价值观一致的技术标准"。

2023年5月，G7峰会、美日印澳四边机制（Quadrilateral Security Dialogue，QUAD）峰会、美澳双边会议在日本广岛同期举行，分别提出加强经济韧性和安全标准合作、推进清洁能源标准合作、构建四方国际标准合作网络开展关键和新兴技术标准合作等。

2024年2月，美国、澳大利亚、加拿大、捷克、芬兰、法国、日本、韩国、瑞典和英国联合发布《支持第六代移动通信技术（6G）原则的联合声明：安全、开放和弹性设计》(Joint Statement Endorsing Principles for 6G: Secure, Open, and Resilient by Design)，强调要由所谓的"掌握安全方法"的组织开发6G技术，关注标准制定流程和知识产权保护。

2024年3月，印太经济繁荣框架（Indo-Pacific Economic Framework for Prosperity，IPEF）《全面协议》《清洁经济协议》《公平经济协议》的拟议文本正式发布，配合美国印太战略，为美国主导制定印太地区产业链、高科技、数字经济、能源、税收等重要领域的标准与规则提供平台，提出加强清洁经济和供应链标准合作、制定成员国公认的标准框架和规则、共同制定国际规则和框架等。

共同关注标准合作本是一项具有积极意义的举措，然而美欧通过这一系列的公报、声明、行动计划、原则、协议等方式来强调以其为核心的小范围标准合作，其动机和意图不言而喻。QUAD、IPEF等是具有明确针对性、排他性和强烈政治属性的政府对话机制或政治安排，其"小院"的特点显露无遗；在合作语境和范围上，共同的"价值观"成为用于加强这种标准伙伴关系的重要"话术"，特别是所谓的"价值观"这一话语被密集用于新兴技术标准领域，重点强调人工智能、数字化等领域标准所涉及的隐私保护、数据流动等，其掌控该领域标准国际发展方向和同盟中领袖地位，竖起高科技领域"高墙"的意图不言而喻。这正如美国国务卿布林肯在2024年1月与欧盟委员会执行副主席维斯塔格的对话中所说："在当前的挑战中，欧盟是美国的第一伙伴选择……我们的伙伴关系建立在共同的价值观、共同的利益和非凡而繁荣的跨大西洋经济基础上。在过去的几年里，我们看到了巨大的进步：调整技术标准，在我们的供应链中建立弹性，反击……非市场做法以及参与经济胁迫[1]。"

这一系列的行动意味着美国当前的合作呈现出一种以政治联盟推进标准同盟的趋势，通过构建分类分层的"朋友圈"，不断巩固以欧盟等发达国家和地区为主的核心圈，并大力拓展和拉拢亚非拉发展中国家，扩大"朋友圈"范围；在核心圈，聚焦前沿技术，共享情报，建立相同立场，共同行动，牢牢把握主动权；对于发展中国家，注重价

---

[1] U.S. Department of State. Secretary Antony J. Blinken And European Commission Executive Vice President Margrethe Vestager At the Fifth U.S.-EU Trade and Technology Council Ministerial Meeting[EB/OL]. (2024-01-30) [2025-01-15]. https://www.state.gov/secretary-antony-j-blinken-and-european-commission-executive-vice-president-margrethe-vestager-at-the-fifth-u-s-eu-trade-and-technology-council-ministerial-meeting/.

值观传递和技术渗透,通过构建强大的同盟和广泛的影响,巩固美国的全球标准主导地位①。正如 2022 年 11 月,美国商务部部长吉娜·雷蒙多(Gina Raimondo)在美国麻省理工学院就美国竞争力与中国挑战发表演讲时所说:"为全球经济制定标准不能只依靠传统盟友,美国还需与南半球的新兴经济体进一步接触②。"

第二节 从"标准联盟"看无处不在的美国标准

一、美国公私合作对外输出的典范

早在《美国标准战略 2010》中,就指出:"新兴经济体意识到制定标准能够促进经济发展,并请求援助国提供与标准相关的技术援助项目,美国及其贸易合作伙伴越来越多地利用这些项目影响经济体的选择并创造有利的贸易联盟③。"为了贯彻和实施这项战略,实现以标准手段维护美国的贸易利益,加强对发展中国家标准的影响力,"标准+经贸"的"标准联盟"(Standards Alliance)应运而生④。

2012 年 11 月,在瑞士日内瓦 WTO 技术性贸易壁垒(TBT)委员会会议上,美国贸易代表办公室(USTR)和美国国际开发署(USAID)宣布成立"标准联盟",将其作为一种新型援助机制向发展中国家提供技术援助。2013 年 5 月,ANSI 加入"标准联盟",负责"标准联盟"的项目运作,组织民间机构开展与发展中国家的标准合作。2023 年 9

---

① 戴宇欣,申怡旻. 美国政府建立标准全球伙伴关系的策略研究[J]. 质量与标准化,2023,(11):35-37.
② U.S. Department of Commerce. Remarks by U.S. Secretary of Commerce Gina Raimondo on the U.S. Competitiveness and the China Challenge[EB/OL]. (2022-11-30) [2025-01-15]. https://www.commerce.gov/news/speeches/2022/11/remarks-us-secretary-commerce-gina-raimondo-us-competitiveness-and-china.
③ American National Standards Institute (ANSI). United States Standards Strategy (USSS)-2010 Edition[EB/OL]. (2010-12-02) [2025-01-15]. https://share.ansi.org/shared%20documents/Standards%20Activities/NSSC/USSS_Third_edition/USSS%202010-sm.pdf.
④ 姜冠男,申怡旻. 美国"标准联盟"对发展中国家标准技术援助策略研究[J]. 标准科学,2021(9):11-15.

月,这一针对发展中国家开展标准援助的公私合作关系正式启动。

"标准联盟"在设计上充分体现了美国政府搭建平台、依靠民间力量实现政府目标的思维。在整个架构中,USTR、美国管理与预算办公室的内部监管事务办公室(OMB OIRA)、美国国家标准与技术研究院(NIST)、美国环境保护署(Environmental Protection Agency,EPA)等政府部门,主要负责与受援助国家的官方对话、提供资金保障、协调民间机构的参与和平衡各方利益,其中 USTR 与 USAID 是核心部门,负责统筹"标准联盟"的整体发展方向,支持政府决策与国家间贸易。

从 USTR 和 USAID 的自身定位上来看,标准确实对其职能目标的实现提供了一个新的切入点。USTR 负责制定和协调美国的贸易政策,解决贸易争端,对贸易政策事务进行跨部门协调,是美国总统的首席贸易顾问。"标准联盟"的成立使其能够进一步介入和降低受援助国与标准相关的贸易壁垒,扩大美国市场准入。而 USAID 是承担美国大部分对外非军事援助的联邦政府机构,在全球近 70 个国家拥有分支机构,主要援助领域包括经济增长、贸易、农业、教育、技术和环境等。USAID 以其现有技术援助为基础,将"标准联盟"活动作为其对外援助的补充,进一步强化了 USAID 的对外援助影响力。

在民间层面,ANSI 作为美国政府和民间标准系统之间的桥梁,负责"标准联盟"的日常管理、制定工作计划、评估工作成效、审核目标国的活动申请等,推动各项目顺利实施。同时,ANSI 也作为民间机构的代表,凭借其丰富的成员网络与专家优势,协调各方参与,为"标准联盟"引入更多的技术援助资源,提升"标准联盟"的影响力。美国的民间标准组织、行业组织和企业则是"标准联盟"项目具体实施的主体,通过与受援助国的建立从政府到民间的广泛合作关系,开展培训、研讨、宣贯等活动,推广以美国为基础的国际标准(U.S.-

based international standards）。截至 2023 年底，参与"标准联盟"的美国各类机构和企业见表 5-2。

表 5-2 参与"标准联盟"的美国组织列表

序号	中文名称	全称/缩写
政府部门		
1	美国国际开发署	U.S. Agency for International Development（USAID）
2	美国贸易代表办公室	Office of the U.S. Trade Representative（USTR）
3	美国管理和预算办公室	Office of Management and Budget（OMB）
4	美国国际贸易管理局	International Trade Administration（ITA）
5	白宫信息监管事务部监管战略咨询小组	Regulatory Strategies Solution Group（RSS Group）
6	美国农业部	U.S. Department of Agriculture（USDA）
7	美国劳工部	U.S. Department of Labor（USDL）
8	美国交通部	Department of Transportation（DOT）
9	美国道路交通安全管理局	U.S. Highway Traffic Safety Administration（NHTSA）
10	美国环境保护署	Environmental Protection Agency（EPA）
11	美国食品药品管理局	Food and Drug Administration（FDA）
12	美国消费品安全委员会	Consumer Product Safety Commission（CPSC）
13	美国国家标准与技术研究院	National Institute for Standards and Technology（NIST）
民间机构		
14	美国国家标准学会	American National Standards Institute（ANSI）
15	美国材料与试验协会	American Society for Testing Material（ASTM）
16	美国机械工程师协会	American Society of Mechanical Engineers（ASME）
17	美国国际管道暖通器械协会	International Association for Plumbing and Mechanical Officials（IAPMO）
18	美国保险商实验室	Underwriters Laboratories Inc.（UL）
19	美国化学理事会	American Chemical Council（ACC）
20	美国牙科协会	American Dental Association（ADA）

续　表

序号	中文名称	全称/缩写
21	美国石油协会	American Petroleum Institute（API）
22	美国蒸馏酒精理事会	Distilled Spirits Council of the United States（DISCUS）
23	食品安全和应用营养联合研究所	Joint Institute for Food Safety and Applied Nutrition（JIFSAN）
24	美国家用电器制造商协会	Association of Home Appliance Manufacturers（AHAM）
25	美国玩具行业协会	Toy Industry Association（TIA）
26	美国实验室认可协会	American Association for Laboratory Accreditation（A2LA）
27	美国先进医疗技术协会	Advanced Medical Technology Association（AdvaMed）
28	医疗器械促进协会	Association for the Advancement of Medical Instrumentation（AAMI）
29	美国个人护理产品委员会	Personal Care Product Council（PCPC）
30	泛美卫生组织	Pan American Health Organization（PAHO）
31	国际航空运输协会	International Air Transport Association（IATA）
32	WorkCred 认证组织	WorkCred
企业		
33	宝洁公司	Procter & Gamble（P&G）
34	美国红翼制鞋公司	Red Wing Shoe Company
35	汤普森咨询公司	Thompson Consulting
36	天祥集团	Intertek
37	通用电气	General Electric（GE）
38	卡特公司	Caterpillar（CAT）
39	POET 能源公司	POET LLC（POET）
40	光伏零部件公司	OutBack Power
41	Jonkheer 咨询公司	Jonkheer Consulting
42	强生公司	Johnson&Johnson
43	Deytec 咨询公司	Deytec，INC
44	Project Gaia 清洁酒精燃料炉灶公司	Project Gaia

续 表

序号	中文名称	全称/缩写
45	Dalberg 战略咨询公司	Dalberg
46	德勤公司	Deloitte
47	埃克森美孚公司	Exxon Mobil
48	美鹰涂料公司	BOYSEN
49	纳威斯达公司	Navistar
50	通用汽车公司	General Motors（GM）
51	菲亚特汽车公司	Fiat Chrysler Automobiles
52	福特汽车公司	Ford

二、以目的为导向的渐进式渗透

"标准联盟"与美国的政府需求紧密衔接、与美国的国际战略推进紧密配合、与国际关注重点话题紧密结合，具有明确的目的性。可以从三个方面来理解这一以目的为导向的逐步推进。

首先是涵盖的地域和国家。正如美国始终秉持的全球性战略，"标准联盟"在区域选择上，除了美国传统的"后院"拉美国家外，非洲更是"标准联盟"援助对象的重点。在受援助对象方面，"标准联盟"也更多选择标准化基础能力高度薄弱且与美国贸易联系有加强潜力的国家。如在 2013 年之前，美国在非洲的主要贸易对象是南非、尼日利亚和安哥拉。2013 年 7 月，美国时任总统奥巴马在坦桑尼亚举行的企业领袖论坛上宣示，将致力借由一项名为"非洲贸易"（Trade Africa）的新措施来提升美国与非洲之间的贸易及商务合作，扩大与非洲更多国家之间的贸易范围。为了支持白宫的"非洲贸易"倡议，"标准联盟"持续加快在非洲的布局，在 2015 年新增了加纳、塞内加尔、科特迪瓦等 5 个非洲国家为受援助国。截至 2023 年，"标准联盟"援助的发展中国家共有 28 个，地跨亚非拉三大洲。在亚洲地区包括越南和印度尼西亚;在拉美地区包括墨西哥、秘鲁、哥伦比亚、多米尼加、哥斯达黎加、萨尔瓦多、危地马拉、洪都拉斯、尼加拉瓜和巴拿马共10个国家[①];在非洲地区包括东非共同体(East African Community,EAC)、南部非洲发展共同体(Southern African Development Community,SADC)、中东和北非地区(Middle East and North Africa,MENA),见表5-3。

表5-3 "标准联盟"受援助国列表

序号	大洲	国家	序号	大洲	国家
1	拉丁美洲	墨西哥	15	非洲	尼日利亚
2		秘鲁	16		科特迪瓦
3		哥伦比亚	17		加纳
4		多米尼加	18		莫桑比克
5		哥斯达黎加	19		塞内加尔
6		萨尔瓦多	20		赞比亚
7		危地马拉	21		莱索托
8		洪都拉斯	22		马拉维
9		尼加拉瓜	23		肯尼亚
10		巴拿马	24		卢旺达
11	亚洲	印度尼西亚	25		坦桑尼亚
12		越南	26		乌干达
13		约旦	27		布隆迪
14		也门	28		摩洛哥

其次是"标准联盟"的阶段性推进。从设立至今,"标准联盟"已经执行了两个阶段。第一阶段于2013年5月开启,2021年9月正式结束。在这一阶段,"标准联盟"的目标是加强受援助国的基础能力建

---

① 张笑雪,姜冠男.美国在标准化领域对拉美国家的影响分析[J].标准科学,2021(9):6-10.

设，从理解 WTO 规则、提高标准化和技术法规立法的能力以及加强受援助国政府与民间合作等方面，提供美国的解决方案。2019 年，"标准联盟"同步开启了第二阶段的五年计划。在这一阶段，"标准联盟"根据第一阶段的成效，进一步在最初的四项目标基础上，分别加以深化，见表 5-4。

表 5-4 "标准联盟"阶段性目标设置

第一阶段（2013—2021）	第二阶段（2019—2023）
目标 1：帮助受援助国加深对 WTO 技术性贸易措施协定的理解和认识	目标 1：帮助目标国实施国际认可的最佳实践做法，提升目标国产品、服务和基础设施的质量和安全性
目标 2：推动受援助国实施制定、采用和应用标准的良好行为规范	目标 2：帮助目标国消除非关税贸易壁垒，便利美国企业进入海外市场
目标 3：帮助受援助国提高技术法规立法透明度	目标 3：探索双边合作伙伴关系新途径
目标 4：促进受援助国政府在标准制定和使用中与民间机构开展更有效和更具透明度的合作	目标 4：在科学、技术和创新领域，推动性别平等倡议

从上表可以清晰地看出，第一和第二阶段的目标 1 具有强相关的逻辑关系，在第一阶段理解 WTO 规则的基础上，第二阶段注重实践。

第一阶段的目标 2 和目标 3 针对贸易便利化。"标准联盟"通过在第一阶段推动受援助国提升技术法规、标准等市场准入规则的透明度、一致性和国际接轨，从而在第二阶段进一步消除技术性贸易壁垒，使美国企业获得更多市场。

第一阶段的目标 4 是一个策略性的设计。美国意图实现的是一种全方位的合作伙伴关系，不仅仅寻求政府之间的合作，更谋求受援助国的民间层面，包括各类组织、企业和人员对美国方案的接受。因此，借助指导受援助国的政府与民间如何加强合作的机会，进而使美国理念得到更大范围传播。在此基础上，在第二阶段的目标3中，"标准联盟"提出了双边合作新途径这一概念。

第二阶段目标4可以认为是一种提升，引入了标准新的发展方向和理念。

再次是"标准联盟"的渐进性项目策划。"标准联盟"的援助项目采取"邀请-申请制"确定具体项目，既考虑了受援助国的能力提升需求，又结合了美国的输出需求，即邀请受援助国提交项目申请，提出其感兴趣参与的培训或合作内容，突出重点行业领域和技术话题。ANSI根据美国政府与私营部门专家的意见，结合双边贸易合作机会，为目标国量身制定项目计划方案，"标准联盟"项目需求评估流程如图5-1所示。

基于评估，"标准联盟"与受援助国家合作，开展与相关政府部门、国家标准机构和行业的合作，一般通过以下四类活动方式提供技术援助。

一是WTO/TBT协定义务履行能力培训，指导受援助国的TBT和《实施卫生与植物卫生措施协定》(Sanitary and Phytosanitary Measures，SPS)国家通报咨询点履行透明度义务，采用最佳实践和良好行为规范，从而增强美国产业界对目标国市场准入制度和监管环境的信任度。

二是市场准入规则培训，包括面向特定行业群体的标准培训与研讨会，提升受援助国对标准的理解和应用实施能力；技术法规与合格评定程序培训，特别是注重受援助国对美国的行业监管和市场准入规则的理解。

三是指导受援助国如何参与国际标准化活动和美国标准组织的活动，提升其参与标准化活动的能力。

四是人员交流。除主导各类培训宣贯活动外，"标准联盟"还注重搭建交流平台，促进受援助国与美国政府、民间的人员往来，包括以

第五章 合作与输出：与伙伴关系深度捆绑的合纵连横　145

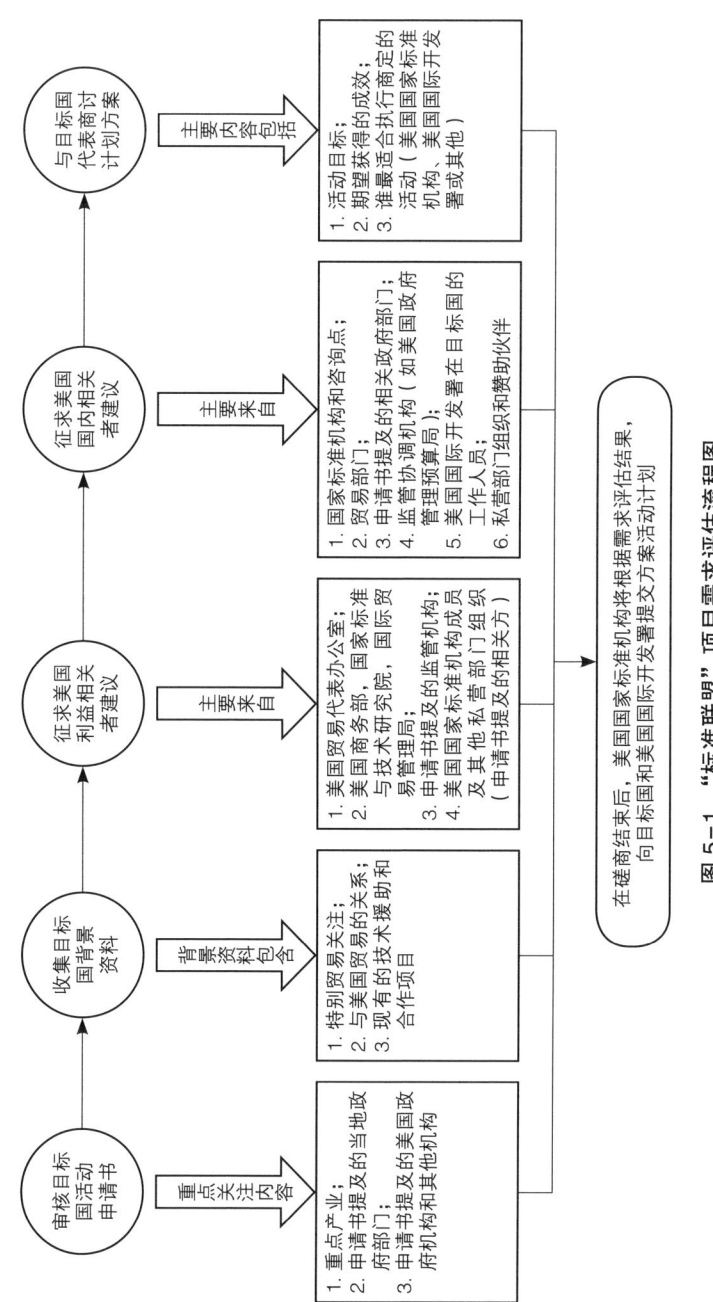

图 5-1 "标准联盟"项目需求评估流程图

圆桌会议、合作会议、峰会等形式使目标国与美国公私部门之间加强交流与沟通，邀请目标国官方代表团和民间机构访问美国相关政府部门、民间机构和美国企业等。

从路径上看，"标准联盟"提供援助具有从理念到实践、层层深入、务实推进的策略。它并不直接以普及特定美国标准为培训目标，而是首先从标准的基本理念入手，推广美国标准的程序和价值，使受援助国逐步认可美国模式，应用美国标准理念。其次，再从行业普及性宣传培训，使整个行业理解美国标准，潜移默化地使其将美国的标准方法用于解决自身的行业需求。最后，才是针对具体产品和标准，开展深入和具体的推荐。建立在已被认可的理念、价值和模式基础上，这就使得美国标准更容易得到接受和使用[1]。在此，以"标准联盟"在秘鲁的活动发展进程为例进行说明

案例一：

在秘鲁，"标准联盟"的活动按照知识培训、人员往来、规则培训、行业培训逐步推进，从标准的普适性问题逐步转向标准的技术性专业性问题。从 2013 年 8 月开始，"标准联盟"不仅为秘鲁国家质量研究院（Instituto Nacional de Calidad，INACAL）提供基本的标准和良好行为规范培训，还邀请秘鲁代表团访问美国，了解美国的标准制定程序和机构运作模式[2]。一直到该项目的第三年，基于前期的行业需求分析，"标准联盟"开始深入到特定行业领域中，先后分别开展关于医疗设备和纺织品的两个特定行业的美国标准培训[3]（图 5-2）。

---

[1] 申怡旻，张笑雪. 标准技术援助与市场便利化的协同推进策略研究——以美国"标准联盟"为例[J]. 标准科学，2021（9）：16-20.
[2] American National Standards Institute (ANSI). ANSI-USAID Standards Alliance Annual Report Year 1: 2013−2014[R/OL]. (2014−08) [2025−01−15]. https://pdf.usaid.gov/pdf_docs/PA00W58R.pdf.
[3] American National Standards Institute (ANSI). ANSI-USAID Standards Alliance Annual Report Year 5: 2017−2018[R/OL]. [2025−01−15]. https://share.ansi.org/Shared%20Documents/Standards%20Activities/International%20Standardization/Standards%20Alliance/StandardsAlliance-Annual-Report-Y5.pdf.

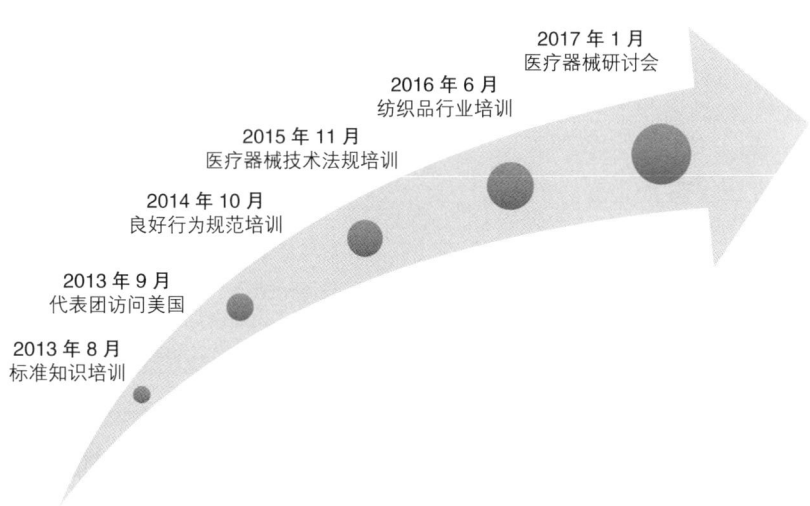

图 5-2 "标准联盟"在秘鲁的活动发展进程

通过这一模式,"标准联盟"显著增强了美国标准界和产业界与受援助国政府、标准组织和行业的联系与合作深度,特别是增强了受援助国对美国标准理念和价值的理解。

三、"双赢"的结果

2013 年 9 月"标准联盟"启动仪式上,美国时任副贸易代表米里亚姆·萨皮罗(Miriam Sapiro)曾说:"标准和技术法规在全球贸易中发挥着至关重要的作用。这种努力是双赢的,它将有助于进一步推动奥巴马政府增加美国出口,促进国内外经济发展战略的重要布局。当发展中国家采用的标准和法规更好地与全球规范和惯例保持一致时,美国公司就会受益,因为它降低了与出口相关的成本和官僚主义障碍,使美国生产商能够生产一种产品并将其出口到许多国家。当发展中国家采用全球公认的产品标准和规范,澄清和简化其产品监管程序时,它们将因此受益,因为这使发展中国家能够提高其出口产品的质量、安全性和数量[①]。"

从"标准联盟"的最主要 6 项评价指标（表 5-5）可以看出，"标准联盟"在提升受援助国标准化能力的同时，也为美国塑造更多的朋友和开放更多的市场。

表 5-5 "标准联盟"阶段性评价指标

评 价 指 标	评 价 内 容
指标 1：WTO/TBT 规则培训成效	包括 WTO/TBT 规则培训前后的知识测评对比、国家咨询点之间的沟通频率、双边和多边活动中提出的建议数
指标 2：实施良好行为规范	包括受援助国中央政府和其他标准制定机构对 TBT 协定良好行为规范的运用
指标 3：履行透明度义务	包括目标国向 WTO 秘书处通报的技术法规数量或比例，并与基准期进行对比
指标 4：参与国际标准化的能力	包括受援助国参与国际标准化组织（ISO）、国际电工委员会（IEC）等组织活动的水平
指标 5：与私营部门的合作	包括与私营部门的研讨会、利益相关方发表意见的机会、对利益相关方问题的回应等
指标 6：双方贸易关注领域的进展	评估美国企业进入目标国的商贸机会和出口潜力、投资环境展望、出口数据等

"标准联盟"的这些评价指标与分阶段目标高度对应。指标 1 至指标 5 重在量化评价各项援助活动对受援助国参与国际标准化活动、履行 WTO 协定义务和实施标准方面能力的提升效果。指标 6 体现了一种投入产出的思维，评估援助的实施对美国产业实际利益的正向反馈，即是否提升了市场准入便利度，实施的援助是否为美国企业进入市场提供了机遇。

[①] Office of the United States Trade Representative. Formal Launch of the USAID-ANSI Standards Alliance Program - Remarks by Deputy U.S. Trade Representative Miriam Sapiro[EB/OL]. (2013-09-26)[2025-01-15]. https://ustr.gov/about-us/policy-offices/press-office/speeches/transcripts/2013/september/miriam-sapiro-usaid-ansi-standards-alliance-program-launch.

可以说，这在一定程度上体现了双赢的效果，受援助国遵循《WTO技术性贸易措施协定》开展标准化工作，提升产业发展水平，同时也为美国的低端消费品提供了质量可靠的稳定来源。而这些能力的提升也显著提高了美国标准的应用，便利了美国企业的市场准入。在这里，引用一个"标准联盟"提供的自身成功案例。

案例二：

在乌干达，家庭烹饪主要使用固体生物质燃料，占所有能源消耗的91%以上，高达97%的人口使用固体生物质燃料做饭。2012年，由使用固体生物质燃料烹饪所导致的室内烟雾和空气污染，使大约3 500万乌干达人受影响，导致1.3万多人死亡。然而，乙醇却特别适合家庭使用。当乙醇燃料在合适的炉子上使用时，可以清洁高效燃烧，减少对环境的影响。

2016年"标准联盟"联合ASTM在乌干达举行乙醇燃料研讨会，乌干达国家标准机构（Uganda National Bureau of Standards，UNBS）、ANSI、USTR、NIST等，与乌干达相关机构共同讨论ASTM E3050标准《烹饪器具燃料使用变性乙醇的标准规格》(*Standard Specification for Denatured Ethanol for Use as Cooking and Appliance Fuel*)，旨在将乙醇作为清洁烹饪和家用燃料，运用标准帮助改变乌干达和东非家庭在烹饪中使用低效能源的危险做法。

讨论的结果促使UNBS采用了ASTM E3050标准，将乙醇作为烹饪和家用燃料，并支持乙醇的生产、销售和分销。美国的POET能源公司因此打开了海外市场，支持乌干达乙醇的供货来源。此外，这项行动后续讨论为提振东非乙醇市场的其他举措，美国的能源企业也因此将进一步扩大其海外市场[①]。

---

① American National Standards Institute (ANSI). ANSI-USAID Standards Alliance Annual Report Year 4: 2016-2017[R/OL]. [2025-01-15]. https://share.ansi.org/Shared%20Documents/Standards%20Activities/International%20Standardization/Standards%20Alliance/StandardsAlliance-Annual-Report-Y4-2016-2017.pdf.

这种双赢还体现在国际标准化舞台上的话语权方面。根据"标准联盟"2019年年报对第一阶段实施效果的统计，受援助国在国际标准化事务上的影响力得到持续扩大，东非共同体（EAC）成员等欠发达国家在WTO等国际舞台上的参与度也越来越高。自"标准联盟"成立以来，参与活动的国家达到28个，参加的机构数量增加至704个，受援助国在WTO对美国发起的特别贸易关注减少了39%。这在一定程度上表明，通过宣传"以美国为基础的国际标准"，使美国标准和标准的理念得到受援助国的接受，为美国在WTO和国际标准化舞台上扩大了"朋友圈"[①]。然而，随着特朗普第二次就任美国总统，2025年2月美国政府以资金滥用和战略目标与"美国优先"理念存在冲突为由，关闭了美国国际合作开发署（USAID），这意味着美国政府将收缩援外资金，将资源集中用于更加强硬的外交和贸易手段。这一行动将使诸如"标准联盟"等注重"输出价值观"的对外援助项目在停摆。有意思的是，"标准联盟"的第二阶段正是由特朗普第一任期时政府所批准。未来，"标准联盟"是否会换一种形式重新登场，尚需拭目以待。

第三节 后院：拉美的美国标准

一、贸易自由化和标准美国化

美洲包含了以英语语系为主的北美地区发达国家美国和加拿大，以及以拉丁语系为主的拉丁美洲和加勒比地区（亦称为拉丁美洲地区，简称为拉美地区）的33个国家。长期以来，美国一直将美洲视为"美

---

① American National Standards Institute (ANSI). Standards Alliance Quarterly Report 2019-Q1[R/OL]. [2025-01-15]. https://share.ansi.org/Shared%20Documents/Standards%20Activities/International%20Standardization/Standards%20Alliance/StandardsAlliance-Q1-2019.pdf.

国人的美洲",特别是针对拉美国家,以"门罗主义"[①]和"美国优先"为指针,意在将拉美打造成一个政治上亲近美国、经贸和技术上依赖美国的"后院"。这一指针具有两个特点:一是改变自由贸易规则。例如,美国为了减少对拉美贸易逆差,首先对贸易逆差主要来源国墨西哥发难,与墨西哥、加拿大达成新的《美墨加协定》(*United States-Mexico-Canada Agreement*,USMCA),调整已有的自由贸易规则,保护美国国内制造业。二是服务"美国优先"原则。这意味着促进美国本土经济繁荣的目标高于促进拉美地区经济发展,并将拉美主要经济体继续锁定在以美国市场和需求为导向的产业链、供应链中低端,进一步强化其对美国的经贸依赖。标准作为国际贸易最重要的"游戏规则"之一,被美国视为其构建全球贸易体系的基石,自然也被美国用作对美洲国家贸易政策影响的重要技术手段[②]。

如何使美国的标准成为美洲国家的标准,美国遵循了国际协定—贸易协定—民间协定的路径,基于 WTO/TBT 协定中有关采用国际标准的原则和鼓励互认的原则,进一步签署自由贸易协定,以贸易便利化推广美国标准,并借由民间标准组织予以实现。

根据美国贸易代表办公室(USTR)数据,目前美国已与 12 个美洲国家签订了 2 项诸边贸易协议和 4 项双边贸易协定,包括:加拿大、墨西哥、智利、哥伦比亚、秘鲁、巴拿马、哥斯达黎加、多米尼加、萨尔瓦多、危地马拉、洪都拉斯、尼加拉瓜。

标准在这 6 项自由贸易协定中的条款表述基本相似,并都在 WTO 技术性贸易壁垒协定有关标准的规定基础上提出了更高的要求(表 5-6),其共性要求包括:

---

① "门罗主义"由时任美国总统詹姆斯·门罗于 1823 年提出,其本质是将美洲划为美国的势力范围,禁止欧洲列强插手美洲事务。
② 美国标准组织对拉美国家标准的影响研究[J].质量与标准化,2021(5):38-41.

表 5-6　美国与其他美洲国家缔结的自由贸易协定

协定名称	签署时间	实施时间	成　员
《北美自由贸易协定》（NAFTA）*	1992 年 8 月	1994 年 1 月	美国、加拿大、墨西哥
《美国—智利自由贸易协定》（FTA）	2003 年 6 月	2004 年 1 月	美国、智利
《美国—中美洲—多米尼加自由贸易协定》（CAFTA-DR）	2004 年 8 月	危地马拉，2006 年 1 月；萨尔瓦多，2006 年 3 月；洪都拉斯和尼加拉瓜，2006 年 4 月；多米尼加，2007 年 3 月；哥斯达黎加，2009 年 1 月	美国、危地马拉、萨尔瓦多、洪都拉斯、尼加拉瓜、多米尼加、哥斯达黎加
《美国—秘鲁自由贸易协定》（FTA）	2006 年 4 月	2009 年 2 月	美国、秘鲁
《美国—哥伦比亚贸易促进协定》（TPA）	2006 年 11 月	2012 年 5 月	美国、哥伦比亚
《美国—巴拿马贸易促进协定》（TPA）	2007 年 6 月	2012 年 10 月	美国、巴拿马

* 2018 年 11 月 30 日，美国、墨西哥和加拿大三国 NAFTA 升级谈判完成并正式签署新协议，新协议更名为《美墨加协定》（United States-Mexico-Canada Agreement，USMCA）；2019 年 12 月《美加墨协定》（USMCA）附件签订。

（1）加强缔约国技术法规和标准的一致性。消除美拉贸易争端和壁垒是美国与拉美国家签订自由贸易协定的总基调，因此各项自贸协定均重申了 WTO/TBT 协定所提出的协调和互认原则，要求加强技术法规、标准和合格评定程序领域合作。但在标准实施互认方面，则提出了更高的要求，包括取消本地化，推进合格评定机构间的合作与互认。就 TBT 协定而言，这要求属于"鼓励"[①]性质，而在自贸协定中，则更

---

① TBT 协定：6.3 鼓励各成员应其他成员请求，就达成相互承认合格评定程序结果的协议进行谈判。

多体现为"应"①。

（2）更为灵活的贸易便利化举措。美国与拉美国家的自贸协定在WTO/TBT协定的基础上，加入了针对区域特色的贸易便利化措施，以便于美国企业进入拉美市场。如《美加墨协定》（USMCA）承认外包机构的合格评定结果②；严格限制合格评定的收费，公布收费标准，并解释计费方法等③。

（3）强调标准机构人员的同等国民待遇。在这方面，各项自贸协定则是通过更高的透明度要求，提出协议签署国的标准化机构和人员，要在享受同等国民待遇的基础上，参与到其他协议签署国国家标准、技术法规和合格评定程序的制定中④。应当说，这一条款为美国民间标准化力量走向拉美、美国标准化价值观输出拉美、拉美标准不断向美

---

① 美国—哥伦比亚自贸协定：各缔约方应按照不低于其对其境内合格评定机构的优惠条件，对其他缔约方境内的合格评定机构进行认证、批准、许可或以其他方式予以认可。如果一方认可、批准、许可或以其他方式承认在其领土内对某一特定技术法规或标准的符合性进行评估的机构，并拒绝在另一方领土内认可、批准或以其他形式承认对该技术法规或标准的符合性评估机构，则应另一方的要求，解释其决定的原因，以便在必要时采取纠正措施。
② 《美墨加协定》第11章"技术性贸易措施"第11.6款"合格评定程序"项下关于分包的条款（第5条）规定：如果一缔约方要求对产品进行合格评定以确保其符合技术法规或标准，则不得禁止合格评定机构使用分包商，也不得因合格评定机构使用分包商而拒绝接受其合格评定结果，这包括使用位于另一缔约方领土内的分包商进行与合格评定相关的测试或检验，前提是这些分包商在该缔约方领土内获得认可的。
③ 《美墨加协定》第11章"技术性贸易措施"第11.6款"合格评定程序"项下关于费用的条款（第9条）规定，缔约方的政府相关部门要对特定的商品开展合格评定时，该缔约方应做到以下几点：
（1）合格评定程序费用应限制在所提供的服务成本之内；
（2）费用仅用于支付合格评定服务本身的成本费用，不得对另一缔约方的申请人收取提供合格评定服务过程中所产生的额外费用；
（3）公开合格评定服务的收费标准；
（4）新立或修改后的合格评定服务收费标准实施之前，应公布收费标准和评估方面，并且在可行的情况，给予利益相关方提出评议意见的机会。
《美墨加协定》第11章"技术性贸易措施"第11.6款"合格评定程序"项下关于费用的条款（第10条）规定，应其他缔约方的请求，或在实际可行的情况下应申请人的请求，开展合格评定程序的缔约方应解释以下内容：
（1）对合格评定服务所收取的费用为何不高于所提供服务的成本；
（2）合格评定服务的费用是如何计算的；
（3）要求提供的任何信息为何是计算费用所必需的。
④ 各缔约方应允许其他缔约方的人员参与其标准、技术法规和合格评定程序的制定。每一缔约方均应允许其他缔约方的人员参与制定此类措施，条件不得低于给予其本人和任何其他缔约方人员条件。

国标准趋同埋下了伏笔。

借助自由贸易协定，美国民间标准组织进一步充分利用地缘优势，持续扩大在美洲各国标准化事务中的影响力。

二、美国民间标准在拉美

美国民间标准组织的经营模式使扩张对其具有天然的吸引力。从这些标准组织的收入构成来看，标准销售、检测认证、培训以及其他技术活动构成了其收入的最主要来源。因此，使其标准及相关应用得到拉美各国的接受，成为其自身发展的重要推动力。从其做法上来看，主要包括三个重点方向。

一是设立或收购当地机构、针对性扩大会员范围，从而巩固其在所在国的存在。这是几乎所有美国民间标准组织的共同做法，通过这一方式构建起在拉美国家的工作网络，从而促进其标准、检测等业务在当地的可持续发展。如美国国家卫生基金会（NSF）在巴西、智利、哥伦比亚、哥斯达黎加、厄瓜多尔、秘鲁、墨西哥等主要国家均设立办事处，并收购所在国的实验室和检测机构推进其标准应用；美国机械工程师协会（ASME）在阿根廷、巴西等 14 个国家设立了 73 个官方团体，推广 ASME 标准；国际自动机工程师学会（Society of Automotive Engineers，SAE）除了在拉美主要城市设立分支机构外，还在巴西专门设立了巴西汽车工程师学会推进本地化。

二是以发行刊物、技术交流、技术培训等方式传递自身专业技术和标准，谋求增强其影响力，这在专业属性强的行业组织中得到更广泛应用。通过这一方式，这些组织不但使其技术和管理模式得到所在国的认可，更加深了与当地相关组织的合作纽带。例如，美国消防协会（NFPA）创办了《NFPA 拉丁美洲杂志》(*NFPA Journal Latinoamericano*)，向拉美地区 NFPA 成员和其他利益相关方提供有关火灾、电气和生命安全等方面的新闻、资源，以及与 NFPA 规范和标准有关的重要信息；美国电气与电子工程师学会（IEEE）专设安第斯理事会会议（Andean Council IEEE，ANDESCON）开展拉美标准化专题交流，其中包括中美洲和巴拿马会议（Convención IEEE de Centroamérica y Panamá，CONCAPAN）、拉丁美洲创新智能电网技术会议（Innovative Smart Grid Technologies，Latin America，ISGT-LA）、拉丁美洲电路与系统专题讨论会（Latin American Symposium on Circuits and Systems，LASCAS）、拉丁美洲通信会议（Latin-American Conference on Communications，LATINCOM）等，通过系列专题交流、强化在拉美地区的技术和标准影响力；美国国际清洁卫生协会（International Sanitary Supply Association，ISSA）建立了拉丁美洲行业联盟，吸收了阿根廷清洁企业协会（Asociación de Empresas de Limpieza，ADEL）、巴西专业清洁市场协会（Associação Brasileira do Mercado Limpeza Profissional，ABRALIMP）、墨西哥全国清洁公司协会（Asociacion Nacional De Empresas De Limpieza Ac，ANELAC）等，几乎囊括了该领域重要的拉美国家行业组织，从而加强对各国相关行业领域的影响力，建成在自身行业领域的当地化合作网络。

三是通过与拉美国家政府或国家标准组织签署合作备忘录（MOU）及协议明确双方合作的权利和义务，从而在整体布局上获得更大的参与度和话语权，融入拉美国家标准化事务。例如，美国材料与试验协会（ASTM）从 2001 年起，已与 29 个拉美国家的国家标准机构签署了MOU，缔约方可以免费访问 ASTM 的标准化技术委员会和标准信息、参与 ASTM 标准的制定以及获得培训机会；美国石油协会（API）与墨西哥国家安全、能源和环境保护局（Agencia de Seguridad, Energía y Ambiente，ASEA）、巴西技术标准协会（ABNT）、墨西哥石油企业协会（Asociación Mexicana de Empresas de Hidrocarburos，AMEXHI）等政府部门、国家标准机构和行业协会签署了 MOU，促进信息交流和开展联合培训。

特别要指出的是，美国保险商实验室（UL）通过与墨西哥标准总局（Dirección General de Normas，DGN）的双边合作，于 2020 年 2 月获 DGN 授权成为墨西哥标准制定组织，这也使得 UL 成为唯一一个可以为美国、加拿大、墨西哥三国制定国家标准的美国民间组织。美国国际管道暖通器械协会（IAPMO）则是成为首个获得墨西哥认可机构（Entidad Mexicana de Acreditación，EMA）认可的美国产品认证机构，为墨西哥水暖产品提供认证。这些 MOU 不仅深化了各国标准组织之间的合作，还提升美国标准在相关国家的标准体系中的地位和影响力，成为各国制定其国内标准的技术基础。

此外，美国民间标准组织均采用的培训方式对于持续推广美国标准具有重要的作用。这些组织的培训除了一般意义上的专业技术和标准培训外，还尤其关注重点人群，实施精准推广：一方面关注政府层面，开展针对政府官员的系列培训，如美国材料与试验协会（ASTM）推出了针对美国及国外政府官员的强化培训计划（Intensive Training Program），该系列培训除了普及标准化知识外，还给予在 ASTM 标准化技术机构的实操机会，从而加深对于 ASTM 组织文化及美国标准价值观的认同感。另一方面则关注未来，特别注重对拉美国家下一代的推广和营销。例如，SAE 依托巴西汽车工程师学会，与巴西政府部门联合开展学生培训计划，每年参加培训的工科学生超过 2 800 名，通过培训提升青年人的就业竞争力，加强其对于 SAE 标准的认同感。

虽然无法获得全面的统计数据，但从拉美国家采用美国标准的现状来看，美国民间标准在拉美的推广是极其成功的。拉美国家对于采用美国标准普遍采取较为积极和开放的态度。如墨西哥、秘鲁、哥伦比亚、智利等国家在制定生物燃料、药品、机械制造、混凝土、化工品、建筑材料等领域的标准时，重点引用美国 ANSI 和 ASTM 标准；厄瓜多尔则明确指出了采用他国先进标准（包括 ANSI 标准和 ASTM 标准）作为其国家标准的组成部分；哥伦比亚技术标准和认证研究所（Instituto Colombiano de Normas Técnicas y Certificación，ICONTEC）的 2 203 项国家标准基于或与 ASTM 标准相关；智利国家标准机构（Instituto Nacional de Normalización，INN）在制定基于特殊钢架的钢结构建筑设计、建筑用平面安全玻璃等领域的标准时均采用美国 ASTM 标准；苏里南贸易政策明确指出积极采用 ISO 和 ASTM 标准："苏里南标准局（SSB）采用 ISO 国际标准和 ASTM 标准，或者使用由区域机构制定的标准。"

第六章

合作还是排斥？
美国眼中的中美标准竞争

中国是"唯一一个有可能结合其经济、外交、军事和科技力量对稳定开放的国际体系发起持续挑战的竞争者"。

2021年，白宫《临时国家安全战略指导》。

第一节 国际标准舞台上的新势力

一、崛起的中国标准

标准是科学技术和经验的积累沉淀，是贸易和分工的基石，其竞争力取决于贸易地位和技术水平。发端于20世纪70年代末80年代初的第三轮经济全球化，带来了40多年的全球科技和经济大发展，也给全球的科技和经济格局带来了巨大变化。

（一）经济层面

21世纪以来，区域与区域、国家与国家之间的贸易角色和发展水平发生了转换。在国际贸易增长额中，北美和欧洲占比持续下降，而亚洲，尤其是东亚地区在国际贸易增长额中的占比持续上升。以中国为例,根据世界贸易组织(WTO)统计数据显示,中国从 2002 年至 2022 年,货物进出口总额从 3 256 亿美元上升到 35 935 亿美元,上升幅度超过 10 倍;在全球货物贸易总额中占比从 5% 提高到 14.4%,如图 6-1 所示。如果对照本章图 6-2 会发现,贸易增量与国际标准化活动的增量高度匹配。

图 6-1　中国货物进出口总额及在全球贸易额中占比 [①]

这种市场地位的变化对话语权也会产生巨大影响。标准作为国际贸易的通用语言,不仅仅是货物贸易所应遵守的准则,反过来也受到贸易相关方的影响,否则必然导致贸易体系的失衡。货物生产和贸易大国积极参与国际标准化活动对于确保产品的全球兼容性至关重要,在有其参与和贡献的情况下制定的国际标准,将使相应的产品和零部件更方便、更高效地融入全球产业链和价值链。正如美国电气与电子工程师学会(IEEE)报告所述,中国参与国际标准的制定为国际标准

[①] 数据来源:World Trade Organization. World Trade Statistical Review 2023[R/OL].(2023-07)[2025-01-15]. https://www.wto-ilibrary.org/content/books/9789287074195.

组织带来了好处，中国的投入促成了更全面的国际标准。

（二）科技层面

经济全球化的核心过去一直是由少数强大的经济体为主导的全球价值链，促进各种生产要素在全球的流动和国际分工。在引领经济全球化的过程中，发达国家通过技术和标准的垄断优势，使处在价值链下游的发展中国家产生技术依赖，进而巩固其全球市场的技术领先地位。这种技术和标准的垄断优势进一步巩固了发达国家在全球经济秩序中的主导地位，使其保持了"绝对优势"[①]。虽然国际标准化协商一致的原则给予了各国平等参与的条件，但标准的核心在于技术，是各国技术水平差异的客观表现，因此国际标准制定过程中必然会反映占据主导地位的发达国家和地区的技术优势和价值取向。当发达国家和地区以其技术优势，或为了保护其利益而变动或是制定新标准时，发展中国家将不得不随之改变生产方式，导致资源的浪费和市场进入的滞后[②]。

然而进入21世纪以来，新技术强国的出现逐步拉近了技术差距。这种差距的缩小，必然直接反映在标准的研究和发展能力上，特别是在高科技领域自主创新能力的崛起，这些新技术强国也因此壮大实力，在国际标准甚至经贸关系中发挥更大的作用。有学者认为，技术是国际关系研究中的外生变量[③]。国际政治经济学者罗伯特·吉尔平（Robert Gilpin）进一步指出，技术的重大进步能够增强新兴国家在国际政治格局中的优势。后发技术国家尝试打破技术垄断以自给自足，全球价值链的利益格局会发生变化[④]。

[①] 王达，李征. 美国对华科技竞争战略与中国数字经济创新发展研究[M]. 北京：世界知识出版社，2023：88，93.
[②] 戴宇欣. 采用国际标准及其例外看WTO有关协定的不公平性[J]. 国际贸易，2007（10）：55-58.
[③] ORGANSKI A F K, KUGLER J. The War Ledger[M]. Chicago: University of Chicago Press, 1980.
[④] 孟佳辉，王健. 大国竞争、高科技产业与创新联盟博弈——政府干预视角下的美国半导体产业全球领先计划[J]. 科学学研究，2023，41（11）：1980-1990. DOI: 10.16192/j.cnki.1003-2053.20221228.002.

正是在这一背景下,中国在国际标准中的参与能力得以持续快速提高。根据国家标准化管理委员会统计显示,我国自2002年以来,在国际标准化组织(ISO)和国际电工委员会(IEC)中,承担的秘书处数量、牵头制定国际标准数量均显著增加(图6-2)。中国的国际标准化能力也在多个领域稳步提升。中国作为发展中国家,相继承办了两届ISO大会和三届IEC大会,中国专家也先后担任了ISO、IEC和ITU主席,成为国际标准化舞台上发展中国家的"领头羊"。

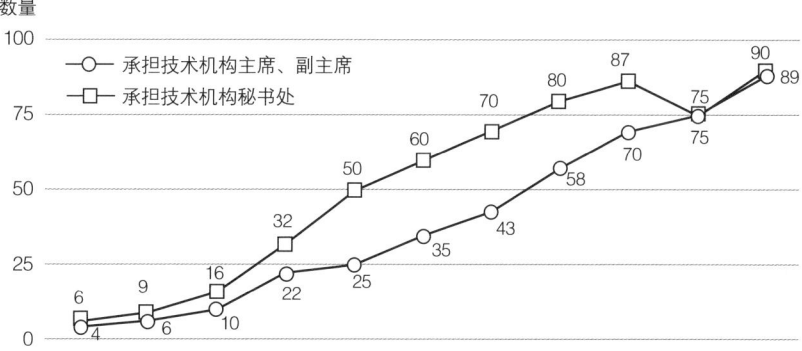

图6-2 2002—2022年中国参与国际标准化机构情况

这一显著发展也得到美国数据的印证。根据美国国家标准学会(ANSI)的报告,中国在自2011年起的10年间,在国际标准化组织(ISO)中主导的技术委员会(TC)和分技术委员会(SC)增长了75%。截至2020年底,中国已承担ISO、IEC技术机构主席、副主席75个。2021年,中国在ISO中承担秘书处的数量达到69个,位列第六,与日、英、法三国差距不大[①]。在标准必要专利方面,美国的研究

---

① American National Standards Institute (ANSI). Comments of the American National Standards Institute on FR Doc. 2021-24090, Request for Information on the Study on People's Republic of China (PRC) Policies and Influence in the Development of International Standards for Emerging Technologies[EB/OL]. (2021-12-06) [2025-01-15]. https://share.ansi.org/Shared%20Documents/News%20and%20Publications/Links%20Within%20Stories/ANSI-Comments_NIST-RFI-2021-0006_Final.pdf.

称，ISO 专利数据库显示，全球有 533 个组织提交了 540 个 ISO 标准，涉及 3 240 个标准基本专利声明。中国自 2010 年 5 月向 ISO 提交了第一份专利声明后，目前已在数据库中拥有 51 个专利，位居世界第八，这清楚地显示了中国在过去 10 年中的进步①。

这一发展不仅仅发生在传统的国际标准组织，在市场接受度高、会员国际程度高的国际性专业标准组织中也是如此。根据美中贸易全国委员会（The US-China Business Council，USCBC）每年开展的调查，截至 2020 年 1 月，第三代合作伙伴计划（3rd Generation Partnership Project，3GPP）中有表决权的中国企业成员数量翻了一番多，达到 110 个，是美国有表决权成员数量的两倍多，美国仅有 53 个②。

美中经济和安全审查委员会（US China Economic and Security Review Commission）③在 2020 年末提交国会的报告中，更是把中国的这一发展称为对美国的重大挑战。其报告将中美两国进行了对比后指出，在 2006 年之前，中国几乎没有在三个最大的国际标准制定组织中发挥领导作用，现在，中国参加国际标准化组织（ISO）约 740 个技术委员会和分技术委员会，并领导了其中 64 个委员会，而美国领导了 104 个技术委员会和小组委员会。在国际电工委员会（IEC）中，中国参加了 186 个技术委员会和分技术委员会，并领导了其中 11 个委员会，而美国在参加的 170 个技术委员会和小组委员会中领导了其中的 26 个。在国际电信联盟（ITU）最注重网络技术的三个研究组中，中国拥有超过

---

① Regulations.gov. Comment on FR Doc # 211026 -0219 Posted by the National Institute of Standards and Technology (NIST)[EB/OL]. (2021-12-06) [2025-01-15]. https://www.regulations.gov/comment/NIST-2021-0006-0028.
② The US-China Business Council (USCBC). China in International Standards Setting: USCBC Recommendations for Constructive Participation[EB/OL]. (2020-02-06) [2025-01-15]. https://www.uschina.org/wp-content/uploads/2025/01/china_in_international_standards_setting.pdf.
③ 美中经济和安全审查委员会（US China Economic and Security Review Commission）是 2000 年 10 月根据 2001 年美国国防授权法案成立，根据 "美国与中国双边贸易和经济联系对美国国家安全的影响进行监督、调查和向国会报告" 的指令要求，每年向国会提交调查报告。

1/3 的报告起草人,承担了管理委员会工作流程的职位①。

二、离不开的中国标准

在美国的话术体系中,竞争者或是挑战者,始终是其凝聚国内和盟友共识的有效工具,而美国战略界始终认为,对美国来说,虽然与中国开展竞争存在风险,但不竞争的风险更大②。因此,在中美战略竞争与贸易合作并存的态势下,标准已经成为被美国用来衡量中国与其竞争能力的重要方面,美国正以复杂而矛盾的眼光审视着中国在国际标准化活动中发挥越来越重要的作用。

正如前文所述,美国的产业界和标准界普遍认为,中国积极参与国际标准化活动对确保建立平衡、全面的标准以满足行业需求至关重要。特别是美国行业和贸易组织大多认为,中国参与国际标准化活动,能够使中国的标准与国际标准进一步接轨,从而降低美国企业的经济成本、时间成本和技术壁垒。2020 年,ANSI 发表《中国参与国际标准制定:对美国工业的利益和关注》一文,指出中国参与国际标准制定也对中国国内标准环境产生了积极的影响,促进了中国国内的标准组织更好地遵守世界贸易组织的开放、透明、公正和协商一致等标准制定原则,进而使中国专家更好地理解外国企业对参与中国国内标准制定的愿望③。

美国的这一欢迎和乐观态度似乎是建立在一种假设的基础之上,

---

① U.S.-China Economic and Security Review Commission. 2020 Report to Congress of the U.S.-China Economic and Security Review Commission-Beijing Uses Technical Standards to Advance an Alternative Technological Order[R/OL]. (2020-12) [2025-01-15]. https://www.congress.gov/116/chrg/CHRG-116hhrg41347/CHRG-116hhrg41347.pdf.
② PAUL C, DOBBINS J, HAROLD S W, et al. A Guide to Extreme Competition with China[R/OL]. (2021-12-01) [2025-01-15]. https://www.rand.org/pubs/research_reports/RRA1378-1.html.
③ The US-China Business Council (USCBC). China's Participation in International Standards Setting: Benefits and Concerns for US Industry[EB/OL]. (2020-02-07) [2025-01-15]. http://www.uschina.org/articles/chinas-participation-in-international-standards-setting-benefits-and-concerns-for-us-industry/.

即中国市场依然是遵照美国的规则全面向其开放，中国参与国际标准化活动依然是跟随者和执行者，甚至寄希望于中国的标准化管理体制根据美国的意愿演变。正如中美科技关系史专家理查德·苏迈德（Richard Suttmeirer）所说，美国政府希望在中国创造一个更加欢迎和认同美国价值观的良好氛围，使中国的科技发展方向更符合美国的利益并受其监控①。然而，当美国发现中国正在不受其控制地快速发展时，其负面情绪跃然上升。

起源于针对华为的实体清单事件，进一步加深了美国对中国参与国际标准化的纠结立场。2019年5月，美国商务部工业和安全局宣布依据《出口管理条例》（Export Administration Regulations，EAR）将华为列入"实体清单"，此后不断扩大"实体清单"覆盖的中国企业范围，禁止与这些企业开展贸易、技术等领域的合作。这一禁令迎合了美国国会内的强硬派，但在美国标准界却掀起了轩然大波。不乏有识之士指出，美国政府错误地认为技术标准涉及分享敏感的技术信息，再加上错误地认为标准制定是一个零和的、对抗性的过程，这就导致了其政策的不合理性②。

禁令出台不久，ANSI就提交BIS报告，指出对华为的贸易禁令葬送了美国在全球标准制定组织中的话语权。这是因为根据BIS的禁令，美国的标准组织和企业无法在有华为参与的标准活动中开展充分的合作。然而，华为已经成为国际和民间标准制定组织不可或缺的成员，这就等于限制了美方参与国际标准化活动的能力。

---

① SUTTMEIRER R P. Scientific Cooperation and Conflict Management in US-China Relations from 1978 to the Present[J]. Annals of the New York Academy of Sciences, 1998, 12: 137-164.
② Information Technology and Innovation Foundation (ITIF). America's National Security Concerns Over China Shouldn't Imperil Its Leadership in Technical Standards Development[EB/OL]. (2023-01-20)[2025-01-15]. https://itif.org/publications/2023/01/20/americas-national-security-concerns-over-china-shouldnt-imperil-its-leadership-in-technical-standards-development/.

2020 年 8 月，美国工业和安全局（Bureau of Industry and Security，BIS）《出口管理条例》（EAR）发布了一项豁免，允许在标准制定组织（SDO）范畴内向实体清单上某些实体披露"技术"[1]，对与华为在标准组织中开展合作提供了豁免。但 ANSI 认为这一豁免远远不够，提出了进一步意见，包括：

（1）将针对华为的豁免条款扩大到实体清单中的所有实体，即允许美国企业在标准制定组织和标准制定活动中和实体清单中的所有实体进行技术合作。

（2）扩大上述给予豁免的商品和技术范围，增加加密软件、加密产品等。

（3）要求确认标准制定活动，包括标准制定机构为制定、发布、修订、再版、解释或以其他方式维护自愿一致性的标准，或使用此类标准的合格评定活动。

ANSI 认为，EAR 会对标准制定产生不确定的影响，导致美国企业对全面参与标准研制持保留立场，削弱了美国在多个领域的技术领先地位，甚至可能导致美国或其他企业更倾向于投资专有技术而不愿冒险投资标准化技术[2]。

即使如美国信息技术与创新基金会（Information Technology and Innovation Foundation，ITIF）这样一直主张对华强硬的科技创新政策领域保守派智库，也认为禁令葬送了美国在国际标准组织中的话语权，"美国企业受制于这些限制措施之际，中国却在按部就班地扩大其在现

---

[1] National Institute of Standards and Technology (NIST). Commerce Levels Playing Field to Support U.S. Stakeholder Participation in International Standards Setting Activities[EB/OL]. (2022-09-08) [2025-01-15]. https://www.nist.gov/news-events/news/2022/09/commerce-levels-playing-field-support-us-stakeholder-participation.

[2] American National Standards Institute (ANSI). ANSI Submits Coordinated Response to BIS on New Interim Final Rule that Amends the Export Administration Regulations, HUAWEI Inclusion[EB/OL]. (2020-08-17) [2025-01-15]. https://www.ansi.org/standards-news/all-news/2020/08/ansi-submits-coordinated-response-to-bis-on-new-interim-final-rule-that-amends-the-export-administra-17.

有国际标准组织中的角色。特朗普政府让美国企业处处落于人后,而中国企业却依然可以游刃有余地影响下一代经济的基础技术,这与美国优先的口号相去甚远"[①]。

2024年7月,BIS根据上述意见发布最新《出口管制条例》,通过扩大"标准相关活动"的范围、阐明出口管制对"标准相关活动"中特定"软件"和"技术"的适用性等,进一步消除美国参与国际标准活动的不必要障碍,为美国企业参与国际标准化活动松绑。

三、混乱情绪与大调查

在美国智库之中存在着大量此类观点,即崛起的中国对美国及其盟友的经济活力、国家安全及其价值观构成了"根本挑战"。美国对中美经济和安全之间的关联看法发生了转变,这成为导致当前中美关系紧张的重要原因之一。在一定程度上,中美之间的经济相互依赖性曾经被认为能够缓和两国间在其他政策领域的紧张态势,但现在美国却视之为对美国国家安全造成重大影响的根源所在[②]。与此同时,随着中美之间的科学技术发展水平差距正在快速缩小,甚至围绕关键领域与战略性新兴领域开展竞争,中美创新体系的关系也正在从"互补型"向"竞争型"转变[③]。

因此,美国认为,其正与中国进行长期的、多领域的、以技术竞赛为核心的地缘战略竞争,但形势不容乐观。新美国安全中心(Center for a New American Security,CNAS)指出,美国联邦政府的研发投

---

① Information Technology and Innovation Foundation (ITIF). Huawei Trade Ban Killed America's Voice in Global Standard Setting Organizations[EB/OL]. (2020-05-18) [2025-01-15]. https://itif.org/publications/2020/05/18/huawei-trade-ban-killed-americas-voice-global-standard-setting/.
② 罗斯玛丽·富特、艾米·金. 评估中美关系的恶化:美国政府对经济——安全关联的看法[J]. 中国国际战略评论, 2019: 34-44.
③ 李哲, 杨洋, 胡志坚. 中—美创新体系:演变历程、影响因素及启示[J]. 中国软科学, 2024(6): 15-22.

入和人力资本不断萎缩。研发支出总额方面，美国联邦政府的研发投入占全球研发总投入的百分比快速下降，由1960年的近70%下降到2018年的28%；联邦政府的研发支出在GDP中占比由1976年的约1.2%降至2018年的约0.7%。而中国正在加大研发投入［如前文所述，2023年我国研究与试验发展（R&D）与国内生产总值之比为2.64%］，并有望在21世纪20年代中叶超过美国。

如本书第三章所述，美国已经将标准视为国家间科技的战略竞争重要组成部分，因此认为中国在标准和科技领域对美国构成了重大挑战[1]。然而，美国离不开中国标准，但又不期望受到挑战，这就使其对于应怎样看待和应对中国标准的发展产生了困惑。美国影响力排名前列的智库卡内基国际和平研究院（Carnegie Endowment for International Peace）曾针对中国《国家标准化发展纲要》发表评论文章《中国新标准战略的三个要点》（*Three Takeaways From China's New Standards Strategy*），进一步强调了美国对中国参与国际标准化活动合作与遏制并重的态度。他们认为，中美在经济和安全领域的竞争复杂且具有多面性，在某些领域需要合作，全面对抗会适得其反，损害双方利益，但在国际层面也有必要采取有针对性的应对措施。卡内基国际和平研究院称：诸多标准组织是体系庞大且高度国际化的组织，其运作基于对某项技术共同感兴趣的专业人士间合作，因此以强硬措施孤立中国研究人员或企业可能会适得其反，甚至颠覆一些标准制定组织正在进行的关键工作。各国政策制定者应与重点标准组织增进交流，了解中国的"扭曲做法"并商讨如何应对[2]。

---

[1] RASSER M, LAMBERTH M. Taking the Helm: A National Technology Strategy to Meet the China Challenge[R]. Center for a New American Security, 2021.
[2] The Carnegie Endowment for International Peace. Three Takeaways From China's New Standards Strategy[EB/OL]. (2021-10-28) [2025-01-15]. https://carnegieendowment.org/research/2021/10/three-takeaways-from-chinas-new-standards-strategy?lang=en.

无论美国对于中国参与国际标准化活动持有欢迎或抵触情绪，其依据均是基于猜测或个案，并无翔实的证据或数据提供支撑。所谓的"扭曲做法"是否存在更是值得商榷。因此，这些混乱的情绪成为美国国家标准与技术研究院（NIST）启动的一项调查的原因之一。2021年11月，根据国防授权法案，NIST启动了对中国在新兴技术领域国际标准制定方面的政策和影响的调查①。调查主要涉及以下五个方面。

（1）过去10年中国参与国际标准制定组织的情况，包括在技术委员会中的领导作用、参与的质量和体现的价值。

（2）"中国标准2035"中确定的中国标准化战略对新兴技术（如先进通信技术、云计算、云服务）标准相关国际机构的影响。

（3）对新兴技术国际标准的选择是否旨在谋求"中国制造2025"中的中国利益，达成排他目的。

（4）中国过去在参与国际标准制定组织时的实践，中国从事人工智能和量子信息科学等关键技术领域的国际标准化活动的趋势，以及可能产生的影响。

（5）为减弱中国对美国的影响，并促进美国公共和私营部门参与国际标准制定组织，美国应采取的措施建议。

美国似乎并没有从这次调查中得出非常明确并有指导意义的结论，这从NIST至今未公开其调查结论或基于调查向国会提交的报告中可见一斑。根据对NIST收集的38个机构和个人提交的共40份反馈意见来看，很难得出对中国参与国际标准化持肯定或者否定的唯一答案，因为绝大多数都充斥着既不能将中国排除于国际标准化，但又对中国在

---

① Federal Register. Study on People's Republic of China (PRC) Policies and Influence in the Development of International Standards for Emerging Technologies[EB/OL]. (2021-11-04) [2025-01-15]. https://www.federalregister.gov/documents/2021/11/04/2021-24090/study-on-peoples-republic-of-china-prc-policies-and-influence-in-the-development-of-international.

新兴技术领域标准化进展感到担忧。最为典型或者未能实现这一调查预期的就是ANSI所下的结论：

"尽管中国可能正在寻求向ISO提出大量新提案，承担越来越多的委员会领导角色，并参与越来越多的ISO委员会，ANSI并不认为中国会使ISO政策和治理模式向中国而非其他国家倾斜，从而发生重大改变。这种提案和职位的增加不会威胁到美国的影响力，也不会促使这些组织主导地位发生转变[①]。"

第二节　优越感与警惕并存的复杂心理

一、基于实力的优越感

虽然美国政府对于中国参与国际标准化存在着混乱复杂的情绪，美国标准界也认为中国在国际标准化舞台上正在崛起并发挥着越来越大的影响力，但总体而言暂时并未将中国视为一个强有力的挑战者，还普遍认为中国目前未能构成对西方国家的威胁，这很大原因是基于其先发优势地位的优越感。

这种优越感主要源于美国在国际标准中仍然保持着的主导地位。2021年10月，美国大西洋理事会发布《标准化未来：美国如何引领国际技术标准的地缘政治》报告，分析了中国参与国际标准制定组织（SDO）的现状、策略及影响，并对美国标准战略实施提出建议。报告称，美国在大部分国际标准制定组织中的主导权居于首位，在报告涵盖的39个SDO中，11个组织超过50%的投票权由美国掌握。在大

---

① American National Standards Institute (ANSI). Comments of the American National Standards Institute on FR Doc. 2021–24090, Request for Information on the Study on People's Republic of China (PRC) Policies and Influence in the Development of International Standards for Emerging Technologies[EB/OL]. (2021–12–06) [2025–01–15]. https://share.ansi.org/Shared%20Documents/News%20and%20Publications/Links%20Within%20Stories/ANSI-Comments_NIST-RFI-2021-0006_Final.pdf.

多数国际 SDO 中，中国的主导性明显低于美国。来自 ANSI、电气与电子工程师学会（IEEE）和开放地理空间信息联盟（Open Geospatial Consortium，OGC）等组织的标准专家认为，考虑到中国的经济规模，其目前在 SDO 中所占的比例并没有过多，距离主导 SDO 还有很大距离[①]。2022 年 3 月，美国亚洲协会"中参馆"网站（ChinaFile Conversation）发表文章《中国是否会制定全球技术标准》认为，中国企业在 5G 标准方面占据优势属于个例，中国在国际标准组织中并未占据霸权地位[②]。

此外，从对中国《国家标准化发展纲要》（以下简称《纲要》）的评论中也可以发现，美国对于中国标准国际化的成效并未高度认可。其中最重要的论点在于两方面。

一是认为中国政府过多参与标准化工作，而由政府指导下的标准化进程并不会取得成功。卡内基国际和平研究院认为，《纲要》将标准视为提升国家工业基础的手段，并将重点放在为智能制造等新兴产业制定标准，以期"促进产业优化和升级"。然而这一想法过分高估了技术标准的地位，往往在不顾及企业意愿的情况下迫使制造商升级生产流程，且过早的标准化可能会使中国生产者局限于快速变化的现有技术。卡内基国际和平研究院在《中国新标准战略的三个要点》一文中称"美国对《纲要》中大部分规划不需要回应"。

2022 年 1 月，ANSI 和大西洋理事会的研究员联合发表了一篇题为《游戏规则：新兴技术领域的标准与竞争》的报告指出，尽管批评人士担心中国发布的《纲要》将增强中国政府对新兴技术国际标准的影

---

① NEAHER G, BRAY D A, MUELLER-KALER J, et al. Standardizing the Future: How Can the United States Navigate the Geopolitics of International Technology Standards?[R]. Washington, D.C: Atlantic Council, 2021.
② ChinaFile. Will China Set Global Tech Standards? [EB/OL]. (2022－03－22) [2025－01－15]. https://www.chinafile.com/conversation/will-china-set-global-tech-standards.

力，然而标准制定组织的历史和结构表明，最成功的标准不是政府指导的标准[①]。

二是在技术应用层面。部分美国人认为，《纲要》的两个核心主张是增加中国主导的国际标准数量和使更多中国人在国际标准制定组织中担任高层领导。但是标准制定和被采纳的背后是更完善的技术和更高的成本效益，仅增加标准提案数并不会帮助中国在国际标准组织中占据主导地位，担任领导职务也并不等同于权力和影响力。一个标准化技术委员会的主席可以影响议程、发言顺序以及会议的运作方式，但并不意味着其标准提案更有可能被批准，或者他们可以任意要求人们投票。最成功的标准是设计最好、合作最多的标准，不是得到政府支持最多的标准，而美国能够开发最适合国际采用的技术和标准。

对于中国的标准国际推广方面的观点亦是如此。美国认为中国通过《纲要》制定了旨在通过海外建筑合同和设备出口来推广中国标准的政策，以帮助中国产品和服务"走向全球"，特别是对那些往往缺乏资源来制定本国标准的发展中国家。但是在实际效果方面欠佳，很少有国家选择中国标准，更倾向于直接采用国际标准或美欧标准。

二、误读、恐惧和抹黑

（一）有意的偏见或是无意的误读

可以发现，无论是对中国国际标准化的认可，或是不屑一顾，其背后都隐藏着美国对中国的或是根深蒂固的偏见，或是有意无意的误读。

一种是将标准化置于两种体制之内进行毫无根据的对比。美国更喜欢将中国的标准化体系归之为以国家为中心，使标准制定受到明确

[①] SAUDERS M, WANDER S, NEAHER G. Rules of the Game: Standards and Competition in Emerging Technologies[EB/OL]. (2022-01-31) [2025-01-15]. https://www.realcleardefense.com/articles/2022/01/31/rules_of_the_game_standards_and_competition_in_emerging_technologies_814476.html.

的政治监督。与之相对的则是美国和欧盟寻求维护开放、更多利益相关方参与的原则。他们认为，美国的技术标准是由行业根据商业需求并协商一致所制定，与此不同的是，中国的标准是完全由政府主导的控制手段，由国家机构制定标准，并利用这些标准来推进产业政策和外交政策目标。这种观点主要是从陈旧的眼光出发，继续认为中国政府把制定强制性的、独特的国内技术标准作为外国企业进入市场的障碍，并帮助发展国内产业。

另一种偏见就像最近欧美一些国家把中国描述为"创新重商主义"①一样，认为中国和中国企业过于追逐经济利益，且方式与欧美不同。他们认为，中国企业对通过商品销售获利的重视远胜过以专利、标准等专有技术来获取收益，更多依靠垄断市场来获得商业利益，而美国更为依赖从专利许可和标准中获益。这一观点不但腐朽，且依然充满着既得利益者的优越感，即美国依然期望从技术和标准上的优势来保持对发展中国家的不对称依赖，并继续实现暴利式持续性增长。

第三种偏见则是针对中国在国际标准化活动中所发挥的作用和期望的目的。美国认为中国正在协调产业政策和外交战略，以扩大其在国际标准制定机构中的影响力，这既是为了提高中国技术在海外的应用，也是为了影响技术应用的规则。美国贸易代表办公室《中国WTO合规性年度报告》称，美国对中国标准制度的担忧并不局限于对美国企业进入中国市场的影响，更是因为中国不断努力制定独特的国家标准，最终服务于寻求全球竞争中中国企业的利益，还因为中国政府的愿景是利用其庞大的国内市场力量来影响国际标准制定②。

---

① 所谓的"创新重商主义"，英文为 Innovation Mercantilism（简称 IM），系指一种通过减少进口、扩大出口高附加值产品发展国民经济的违反世贸组织精神及规则的经济战略。
② United States Trade Representative. 2023 Report to Congress on China's WTO Compliance[R/OL]. (2024−02−23) [2025−01−15]. https://ustr.gov/sites/default/files/USTR%20Report%20on%20China's%20WTO%20Compliance%20 (Final).pdf.

这种偏见事实上破坏力更大。从特朗普政府上任后频繁地"脱钩"可以看出，美国认为现行的国际体系使美国受害而中国得益。正如美国国际战略研究中心、卡内基国际和平研究院等美国智库认为，中国政府正在精心利用规则，并通过中国企业介入到国际标准化活动中。他们认为，中国没有为了争夺全球力量和全球跨越而构建全新的体系，在国际贸易或国际标准化领域中，中国都在利用和扩大集中制和精心设计的策略[①]，使国际规则最终服务于中国的战略，并通过引导和鼓励政策使中国国有和私营企业都响应国家战略。

　　然而，这些偏见更多放在美国自身谋求霸权的路径却更为恰当。

　　最后一种误导与美国针对中国市场经济地位的态度如出一辙。他们一是将中国的企业与政府混为一谈，二是将国有企业和民营企业混为一谈，认为随着中国在国际标准化中影响力的日益提升，中国企业（包括民营企业）受到优惠贷款、补贴等政策的推动，在国际标准化领域落实经过深思熟虑的国家战略，中国政府实质上介入了国际标准化工作，从而影响了国际标准的市场主体性、独立性和科学性。他们指责中国政府试图塑造有利于中国企业的标准制定过程，帮助中国企业获得全球竞争力，以确保中国企业积极参与标准制定，并通过集体投票影响国际标准制定程序。华为等民营企业在美国的口中都成为国有企业，字节跳动在美国不停地被质询"是否是中国企业、是否是中国国有企业、是否是中国共产党控制的企业"也印证了这一极端错误的误导。

（二）新兴技术领域中的偏见

　　中国高科技企业的自主发展进一步加深了美国的偏见、误读，甚

[①] 摘自美国国际战略研究中心 2020 年"中国力量播客：中国的标准制定日程表"节目对话，https://chinapower.csis.org/.

至是恐惧。随着以华为为代表的中国高科技企业成为国际标准化舞台中不可忽视的力量，在人工智能、信息技术、5G 等新兴技术领域，美国对中国的担忧逐渐加重。高通等美国高科技公司都指出，中国已经成为全球标准化活动的重要参与者。例如，3GPP 的成员中大约有 20% 是中国公司，华为在 IEEE802.11 大会中排名第二，仅次于高通。

中国能力的提升与美国的偏见夹杂在一起，引发了美国对中国在高科技领域标准化的高度警惕。美国信息技术与创新基金会（ITIF）、美国无线通信和互联网协会（Cellular Telecommunications Industry Association，CTIA）等多个机构都认为中国政府在全球高新科技产业中寻求"绝对优势"，支持中国企业在国际标准组织中获得绝对的主导权，通过"一带一路"倡议使其他国家锁定在中国的技术和标准上，使用、实施中国标准。

对于《国家标准化发展纲要》的评论也呈现这一特点。一方面，认为中国的战略正在推动中国制定与国际标准相一致的国内标准，显示了积极转变，以及对外国参与开放性的重视。另一方面，一旦提到高科技和新兴技术领域，则普遍认为《国家标准化发展纲要》是"中国制造 2025"的延续，中国政府通过"中国制造 2025"掌控新兴技术领域的战略立足点，并进一步通过标准化战略扩大对全球产业链有关标准的影响，从而在经济层面对美国形成了巨大的挑战。美国战略与国际研究中心（Center for Strategic and International Studies，CSIS）的苏杰·西瓦库玛（Sujai Shivakumar）指出，中国的标准化战略会削弱美国企业在中国市场乃至全球市场的竞争力，使美国企业在与中国企业的竞争中落入下风[①]。

[①] Centre for Strategic and International Studies (CSIS). Securing global standards for innovation and growth [EB/OL]. (2021-12-06) [2025-01-15]. https://downloads.regulations.gov/NIST-2021-0006-0027/attachment_1.pdf.

2022年6月，CSIS发表文章《恢复美国在标准方面的领先地位》认为，当前美国在科学、技术和创新方面的领先地位正受到来自其他国家的挑战，在这场竞争中，美国必须重塑在全球标准体系中的领导地位①。

（三）政治正确下的歇斯底里

"政治正确"和"选票"需求正在侵蚀美国自我标榜的民间主导的标准化体系。来自国会议员、人权组织以及"匿名"的抹黑意见，既可以看作是其为自身利益的"投机"行为，也很难不与对中国的污名化指责产生关联。这些指责几乎全部围绕所谓的盗窃知识产权、侵犯个人隐私、网络和信息安全等问题，甚至将标准与人权、政党挂钩，并虚构中国参与国际标准的组织和企业与政府、军方的联系。

个别信息技术领域的美国民间组织可能是出于商业利益考虑，已成为恶意批评和限制中国的"急先锋"。2021年2月，美国软件联盟（Business Software Alliance，BSA）发布了白皮书《构建更有效的信息通信技术（ICT）供应链安全》(*Building a More Effective Strategy for ICT Supply Chain Security*)，指出美国IT行业供应链面临真实而重大的威胁，包括复杂的国家行为的攻击，其中高度关注针对具体国家，限制或禁止某些业务开展，或者限制与设在部分国家的实体进行商业交易。2021年3月，美国通信工业协会（Telecommunication Industries Association，TIA）公开发表标准白皮书《供应链安全9001：全球供应链安全的第一个信息通信技术专用标准》(*The First ICT Specific Standard for Global Supply Chain Security New Measurable Standard*)，将中国定性为ICT的攻击者，抹黑中国网络安全正面形象。

---

① Centre for Strategic and International Studies (CSIS). Renewing US Leadership in Standards[EB/OL]. (2022-06) [2025-01-15]. https://www.csis.org/analysis/renewing-us-leadership-standards.

国会议员们也丝毫不放过这个诋毁中国来谋求选票的机会。2021年5月27日，美参议院通过《2021美国创新与竞争法案》。该法涉华内容歪曲事实，诋毁中国发展道路和内外政策，渲染"中国威胁论"，鼓吹对华开展战略竞争。其中，法案将国际标准制定列为美国科技研发安全的重要内容，点名指出中国建设标准强国和参与国际标准的相关政策文件，并强调为了应对中国挑战，美国政府要加强与产业界合作，为新兴技术制定标准，确定制定新兴技术标准的组织，确保美国的领导地位。2022年2月，美国众议院通过的《2022年美国创造制造业机会、技术领先和经济实力法案》(America Creating Opportunities for Manufacturing, Pre-Eminence in Technology and Economic Strength Act)，再次花费大量笔墨称要与中国开展战略竞争。

这也正如美国人自己所说，"白宫政策经常是基于非常扭曲的和故意扭曲的情报信息"[1]。

三、正视

无论美国是出于有意无意的偏见或误读，抑或是歇斯底里的恐惧和诋毁，但其观点却对中美两国的标准化工作都有着一定的正面价值。

非常有意思的是，尽管美国不断地指责中国政府介入标准化，但无论是美国政府近年来的举措还是其民间评论，都凸显了对中国标准化发展的肯定和借鉴，高度认可中国在国际标准化领域，尤其是政府在战略引导方面发挥的巨大作用和取得的显著成就[2]。同时也指出，美国联邦政府应加强对美国企业参与国际标准制定的支持。标准有利于

---

[1] The National Museum of Nuclear Science & History. George Kistiakowsky's Interview[EB/OL]. (1982-01-15) [2025-01-15]. https://ahf.nuclearmuseum.org/voices/oral-histories/george-kistiakowskys-interview/.
[2] 中国国际标准化之美国民间视点研究[J]. 质量与标准化，2022（7）：1-5.

整个市场生态的公共产品,即使在没有中国挑战的情况下,美国政府对私营部门标准工作的支持也可以解决关键的市场失灵问题。"基于市场失灵和系统失灵的情况,政府有充分理由来保持标准持续更新和秩序良好"。NIST 开展的调查中也获得了大量来自标准界的建议,其中比较具有代表性的包括以下几点。

（1）借鉴中国标准化战略经验,战略性地加强美国对国际标准化活动领导和参与的支持。

（2）建议美国政府减少限制美国参与国家和国际标准制定活动的准入门槛,加大对美国参与国际标准化组织的经费资助。

（3）建议美国政府提升在国际电信联盟电信标准化部门（ITU-T）等以国家为基础的国际标准组织中的参与度。

（4）建议美国政策关注的重点应是通过识别和采用先进技术来加速美国创新,而非关注于建立排斥其他国家的规则。

（5）修订美国出口管制条例,或者解除标准开发活动受实体清单的限制。

欲进一步了解这一系列建议的落地情况,可以翻阅本书第三章和第四章,这些章节详细阐述了美国政府如何加大对标准化的介入与投入。

当然,从美国的反应我们也能发现中国在参与国际标准化活动中依然存在的一些问题,可以从旁观者的角度来审视自身的进步空间。

其中最重要的一条可能是,中国依然存在参与国际标准化活动的经验不足、标准起草能力不强的问题。美国特别强调标准提案撰写水平的重要性,他们认为标准的力量和影响来自撰写实用的、技术性强的标准提案,特别是早期提交的较完善草案,能够为后续的讨论确定方向和范围,并获得影响力。美国认为,作为标准化的后来者,许多中国企业在理解和影响标准方面能力不强。这可能出于两种原因:一是如 ISO/TC 20/SC 14"航天技术及其应用"标准化分技术委员会的美国技术咨询小组所指，中国企业对于国际标准的理解不够，提交的一些标准和新工作项目提案可能具有学术意义，但可能没有市场相关性或反映全球运营需求[①]；二是 ANSI 调查指出，中国标准提案本身撰写质量较低，其在 ISO 提案的总体成功率仅为 50% 左右，并指出如果没有认真关注标准提案的质量，中国在国际上领导相关标准工作的成功率就不太可能提高[②]。

此外，有一些意见可能不甚悦耳但值得关注。比如，中国参与国际标准化活动的人员变更频繁，导致对规则和程序缺乏深入了解；还有部分中国企业为了获取政府补贴而提交低质量标准提案或拆分标准。

---

① Regulations. gov. Comments on "Study on People's Republic of China (PRC) Policies and Influence in the Development of International Standards for Emerging Technologies" – Submitted response to Federal Register by the U.S. Technical Advisory Group[EB/OL]. (2021－12－06) [2025－01－15]. https://www.regulations.gov/comment/NIST-2021-0006-0024.

② American National Standards Institute (ANSI). Comments of the American National Standards Institute on FR Doc. 2021－24090, Request for Information on the Study on People's Republic of China (PRC) Policies and Influence in the Development of International Standards for Emerging Technologies[EB/OL]. (2021－12－06) [2025－01－15]. https://share.ansi.org/Shared%20Documents/News%20and%20Publications/Links%20Within%20Stories/ANSI-Comments_NIST-RFI-2021-0006_Final.pdf.

参考文献

[1] 格鲁伯 J，约翰逊 S. 美国创新简史：科技如何助推经济增长［M］. 穆凤良，译. 北京：中信出版集团，2021：199.

[2] 于连超、王益谊. 美国标准战略最新发展及其启示［J］. 中国标准化，2016（5）：89-93.

[3] 陈俊华，胡关子，赵文慧. 2020 版美国标准战略变化研究［J］. 标准科学，2021（3）：24-29.

[4] 王达，李征. 美国对华科技竞争战略与中国数字经济创新发展研究［M］. 北京：世界知识出版社，2023.

[5] 杨楠. 霸权的惯性：美国国家安全委员会与美国国际战略［M］. 北京：社会科学文献出版社，2022：10-14.

[6] 龙春生，袁征. 大国竞争时代美国对华科技战略探析［J］. 美国研究，2023，37（4）：47-72，6.

[7] 余南平，廖盟. 全球价值链重构中的国家产业政策——以美国产业政策变化为分析视角［J］. 美国研究，2023，37（2）：74-99，6-7.

[8] 彭水军，吴腊梅. 中国在全球价值链中的位置变化及驱动因素［J］. 世界经济，2022，45（5）：3-28. DOI: 10.19985/j.cnki.cassjwe.2022.05.002.

[9] 申怡旻，戴宇欣，谭娜. 美国在未来产业的行动及标准化研究［J］. 标准科学，2022（9）：25-29.

[10] 郑凯捷. 新一轮全球竞争下产业政策演变趋势及挑战应对［J］. 上海企

业，2023（7）：27-33.
[11] 赵中建.创新引领世界：美国创新和竞争力战略［M］.上海：华东师范大学出版社，2021.
[12] 张心志，侯云溪.美国芯片政策的战略布局：动因、措施与启示［J］.科技管理研究，2023，43（16）：39-44.
[13] 王靖元.拜登政府的芯片战略及其影响研究［D］.北京：国际关系学院，2023.DOI：10.27053/d.cnki.ggjgc.2023.000011.
[14] 薛澜，魏少军，李燕，等.美国《芯片和科学法》及其影响分析［J］.国际经济评论，2022（6）：9-44，4.
[15] 姜冠男，施琴.从《芯片和科学法》看美国高科技领域标准化发展趋势［J］.质量与标准化，2022（11）：36-38.
[16] 史九领，洪永淼，刘颖.美国《2022年芯片和科学法案》对我国相关产业的影响与对策［J］.中国科学院院刊，2024，39（2）：379-387.DOI：10.16418/j.issn.1000-3045.20221019003.
[17] 李锋，马晓玲，韩燕妮.美国"芯片法案"的影响及对策研究［J］.全球化，2023（5）：74-82+134.DOI：10.16845/j.cnki.ccieeqqh.2023.05.001.
[18] 孙红军，张明，程煜，等.《美国政府关键和新兴技术国家标准战略》的动向及对中国的影响［J］.科技导报，2024，42（8）：83-90.
[19] 易继明.美国标准必要专利政策评述［J］.信息通信技术与政策，2023，49（3）：1-9.
[20] 美洲标准化（上海）研究中心.美国未来产业标准化发展趋势研究［J］.质量与标准化，2022（1）：37-39.
[21] 姜冠男，施琴.芯片产业国际标准化趋势及对我国芯片标准国际化发展的影响［J］.标准科学，2024（4）：10-15.
[22] 蔡星月.人工智能的"标准之治"［J］.中国法律评论，2021（5）：94-103.
[23] 美洲标准化（上海）研究中心.美国人工智能标准化政策新趋势研究［J］.质量与标准化，2021（1）：37-40.
[24] 张笑雪，戴宇欣.TTC框架下欧盟和美国人工智能标准化合作重点分析［J］.质量与标准化，2024（1）：43-45.
[25] 白殿一.从标准化原理视角看标准数字化［J］.中国标准化，2022（22）：11-13.
[26] 蔡焱.全新的标准表达方式［J］.质量与标准化，2022（1）：5-7.

[27] 姜冠男，施琴.标准组织数字化转型国际趋势研究［J］.质量与标准化，2022（3）：38-41.

[28] 戴宇欣，霍哲珺.美国新兴技术领域标准协作机制研究［J］.质量与标准化，2023（5）：35-37.

[29] 张笑雪，施琴.美国标准路线图模式解析［J］.质量与标准化，2024（3）：42-44.

[30] 施琴，霍哲珺.从美国标准服务课程开发合作协议计划看美国高校标准化教育的特点［J］.质量与标准化，2023（1）：36-38.

[31] 刘安游，梁缘，施乔幸子，等.国际化视角下标准化教育发展态势研究［C］// 中国标准化协会.第十七届中国标准化论坛论文集.北京：中国计量大学，2020：8. DOI: 10.26914/c.cnkihy.2020.028542.

[32] ANSI 如何在不断发展的标准格局中应对挑战并抓住机遇——访美国国家标准化机构主席兼首席执行官乔·巴提亚［J］.中国标准化，2023（11）：24-31.

[33] 王亚林，徐丽丽.国外标准化教育发展及对我国的启示［J］.现代教育管理，2015（10）：114-119. DOI: 10.16697/j.cnki.xdjygl.2015.10.020.

[34] 美洲标准化（上海）研究中心.美国标准化教育的战略及其实施路径［J］.质量与标准化，2021（7）：38-41.

[35] 申怡旻，戴宇欣，谭娜.美国标准化教育实践研究［J］.标准科学，2023（8）：101-105.

[36] 黄立.国际国外标准化教育的做法和对我国的启示［J］.中国标准化，2013（7）：54-58.

[37] 霍哲珺，施琴.美国标准化教育整体布局研究［J］.标准科学，2024（5）：15-18.

[38] 施琴，谭娜.美国促进消费者参与标准化活动的路径研究［J］.质量与标准化，2023（3）：35-37.

[39] 杨锋.我国与主要发达国家标准化教育政策对比研究［J］.标准科学，2009（12）：32-36.

[40] 戴宇欣，申怡旻.美国政府建立标准全球伙伴关系的策略研究［J］.质量与标准化，2023（11）：35-37.

[41] 姜冠男，申怡旻.美国"标准联盟"对发展中国家标准技术援助策略研究［J］.标准科学，2021（9）：11-15.

[42] 申怡旻，张笑雪.标准技术援助与市场便利化的协同推进策略研究——

以美国"标准联盟"为例［J］.标准科学，2021（9）：16-20.

［43］ 美洲标准化（上海）研究中心.美国标准组织对拉美国家标准的影响研究［J］.质量与标准化，2021（5）：38-41.

［44］ 戴宇欣.采用国际标准及其例外看WTO有关协定的不公平性［J］.国际贸易，2007（10）：55-58. DOI: 10.14114/j.cnki.itrade.2007.10.003.

［45］ 孟佳辉，王健.大国竞争、高科技产业与创新联盟博弈——政府干预视角下的美国半导体产业全球领先计划［J］.科学学研究，2023，41（11）：1980-1990. DOI: 10.16192/j.cnki.1003-2053.20221228.002.

［46］ 富特R，金A，崔志楠.评估中美关系的恶化：美国政府对经济—安全关联的看法［J］.中国国际战略评论，2019（2）：34-44.

［47］ 李哲，杨洋，胡志坚.中—美创新体系：演变历程、影响因素及启示［J］.中国软科学，2024（6）：15-22.

［48］ 美洲标准化（上海）研究中心.中国国际标准化之美国民间视点研究［J］.质量与标准化，2022（7）：1-5.

［49］ U.S. Department Of Commerce. Measures for Progress: A History of the National Bureau of Standards[EB/OL]. (1974) [2025-01-15]. https://nvlpubs.nist.gov/nistpubs/Legacy/MP/nbsmiscellaneouspub275.pdf.

［50］ John Quincy Adams. Report upon weights and measures[EB/OL]. (1821-02-22) [2025-01-15]. https://iiif.wellcomecollection.org/pdf/b29312887.

［51］ American National Standards Institute(ANSI). REPORTER special feature National Technology Transfer and Advancement Act of 1995 (NTTAA) 1996-2006 Tenth Anniversary Celebration[EB/OL]. (2006-03) [2025-01-15]. https://share.ansi.org/shared%20documents/News%20and%20Publications/ANSI%20Reporter%20(public)/ANSI%20Reporter%20Special%20Feature%20-%20NTTAA.pdf.

［52］ National Institute of Standards and Technology(NIST). U.S. LEADERSHIP IN AI: Plan for Federal Engagement in Developing Technical Standards and Related Tools[EB/OL]. (2019-08-09) [2025-01-15]. https://www.nist.gov/system/files/documents/2019/08/10/ai_standards_fedengagement_plan_9aug2019.pdf.

［53］ American National Standards Institute(ANSI). United States Standards Strategy (USSS)-2020 Edition[EB/OL]. (2020-12-09) [2025-01-15]. https://share.ansi.org/Shared%20Documents/Standards%20Activities/NSSC/

USSS-2020/USSS-2020-Edition.pdf.

[54] American National Standards Institute(ANSI). United States Standards Strategy (USSS)–2005 Edition[EB/OL]. (2005–12–08) [2025–01–15]. https://share.ansi.org/Shared%20Documents/Standards%20Activities/NSSC/USSS-2005%20-%20FINAL.pdf.

[55] American National Standards Institute(ANSI). New Edition of the United States Standards Strategy Supports U.S. Competitiveness, Innovation, Health and Safety, and Global Trade[EB/OL]. (2021–01–06) [2025–01–15]. https://www.ansi.org/standards-news/all-news/2021/01/1-6-21-new-edition-of-the-united-states-standards-strategy.

[56] American National Standards Institute(ANSI). United States Standards Strategy (USSS)–2010 Edition[EB/OL]. (2010–12–02) [2025–01–15]. https://share.ansi.org/shared%20documents/Standards%20Activities/NSSC/USSS_Third_edition/USSS%202010-sm.pdf.

[57] National Institute of Standards and Technology(NIST). The Role of Standards in Today's Society and in the Future[EB/OL]. (2000–09–13) [2025–01–15]. https://www.nist.gov/speech-testimony/role-standards-todays-society-and-future.

[58] National Institute of Standards and Technology(NIST). Industry, Standards, Government Leaders Call U.S. Standards Strategy Vital To U.S. Economic Growth, GlobalCompetitiveness[EB/OL]. (1998–09–24) [2025–01–15]. https://www.nist.gov/news-events/news/1998/09/industry-standards-government-leaders-call-us-standards-strategy-vital-us.

[59] Oren Gross and Fionnuala Ni Aolain. Law in Times of Crisis: Emergency Powers in Theory and Practice[M]. New York: Cambridge University Press, 2006.

[60] The White House. America Will Dominate the Industries of the Future[EB/OL]. (2019–02–07) [2025–01–15]. https://trumpwhitehouse.archives.gov/briefings-statements/america-will-dominate-industries-future/.

[61] University of California San Diego(UC San Diego). Meeting the China Challenge: A New American Strategy for Technology Competition[EB/OL]. (2020–11–16) [2025–01–15]. https://china.ucsd.edu/_files/meeting-the-china-challenge_2020_report.pdf?stream=china.

[62] President's Council of Advisors on Science and Technology. Industries of the Future Institutes: a new model for American Science and Technology Leadership[EB/OL]. (2020–12–18) [2025–01–15]. https://science.osti.gov/-/media/_/pdf/about/pcast/202012/IotFI_presentation_for-PCAST-Meeting-on-18DEC2020.pdf.

[63] Congress.gov. S.1260 – United States Innovation and Competition Act of 2021[EB/OL]. (2021–06–08) [2025–01–15]. https://www.congress.gov/bill/117th-congress/senate-bill/1260.

[64] The White House. National Security Strategy[EB/OL]. (2022–10) [2025–01–15]. https://common.usembassy.gov/wp-content/uploads/sites/54/2022/10/Biden-Harris-Administrations-National-Security-Strategy-10.2022.pdf.

[65] The Belfer Center for Science and International Affairs. Delivering on the Promise of CHIPS and SCIENCE: Standard Setting: Process, Politics, and the CHIPS Program[EB/OL]. (2023–06) [2025–01–15]. https://www.belfercenter.org/publication/standard-setting-process-politics-and-chips-program.

[66] Congress.gov. H.R.4346 – Chips and Science Act[EB/OL]. (2022–08–09) [2025–01–15]. https://www.congress.gov/bill/117th-congress/house-bill/4346.

[67] Intel Corporation. U.S. Securities and Exchange Commission FORM 10-K Intel Corporation Annual Report Pursuant to Section 13 or 15(d) of the Securities Exchange Act of 1934 for the fiscal year ended December 31, 2022 (Commission File Number 000–06217)[R/OL]. (2023–01–26) [2025–01–15]. https://www.intc.com/filings-reports/annual-reports/content/0000050863-23-000006/0000050863-23-000006.pdf.

[68] Qualcomm. The Essential Role of Technology Standards: Driving Interoperability, Ecosystem Development, and Future Innovation[EB/OL]. (2020–09) [2025–01–15]. https://www.qualcomm.com/content/dam/qcomm-martech/dm-assets/documents/draft_messaging_-_qualcomm_standards_leadership_web.pdf.

[69] U.S. Department of Commerce. CHIPS for America Outlines Vision for the National Semiconductor Technology Center[EB/OL]. (2023–04–25) [2025–01–15]. https://www.commerce.gov/news/press-releases/2023/04/

chips-america-outlines-vision-national-semiconductor-technology-center.

［70］ The White House. FACT SHEET: CHIPS and Science Act Will Lower Costs, Create Jobs, Strengthen Supply Chains, and Counter China[EB/OL]. (2022－08－09) [2025－01－15]. https://www.whitehouse.gov/briefing-room/statements-releases/2022/08/09/fact-sheet-chips-and-science-act-will-lower-costs-create-jobs-strengthen-supply-chains-and-counter-china/.

［71］ The White House. Interim National Security Strategic Guidance[EB/OL]. (2021－03) [2025－01－15]. https://www.whitehouse.gov/wp-content/uploads/2021/03/NSC-1v2.pdf.

［72］ The White House.Critical and Emerging Technologies List Update[EB/OL]. (2022－02－12) [2025－01－15]. https://www.whitehouse.gov/ostp/news-updates/2024/02/12/critical-and-emerging-technologies-list-2024-update/.

［73］ The White House.National Standards Strategy for Critical and Emerging Technology[EB/OL]. (2023－05) [2025－01－15]. https://www.whitehouse.gov/wp-content/uploads/2023/05/US-Gov-National-Standards-Strategy-2023.pdf.

［74］ The US-China Business Council(USCBC). USCBC Comments on Implementation of the United States Government National Standards Strategy for Critical and Emerging Technology[EB/OL]. (2023－12－21) [2025－01－15]. http://www.uschina.org/advocacy/uscbc-comments-on-implementation-of-the-united-states-government-national-standards-strategy-for-critical-and-emerging-technology/.

［75］ Information Technology& Innovation Foundation(ITIF). Unpacking the Biden Administration's Strategy for Technical Standards: The Good, the Bad, and Ideas for Improvement[EB/OL]. (2023－10－10) [2025－01－15]. https://itif.org/publications/2023/10/10/unpacking-the-biden-administrations-strategy-for-technical-standards-the-good-the-bad-and-ideas-for-improvement/.

［76］ Federal Register. Maintaining American Leadership in Artificial Intelligence[EB/OL]. (2019－02－11) [2025－01－15]. https://www.federalregister.gov/documents/2019/02/14/2019-02544/maintaining-american-leadership-in-artificial-intelligence.

［77］ JSTOR. Securing Our 5G future: The Competitive Challenge and Considerations for U.S. Policy[EB/OL](2019－11－01) [2025－01－15].

https://www.jstor.org/stable/resrep20451.

[78] Charles P. Kindleberger. Standards as Public, Collective, and Private Goods. Seminar Paper No. 231, Institute for International Economic Studies, December 1982, https://www.diva-portal.org/smash/get/diva2: 330360/FULLTEXT01.pdf.

[79] Tim Büthe. Engineering Uncontestedness?The Origins and Institutional Development of the International Electrotechnical Commission (IEC). Business and Politics 12, no. 3 (2010): 1–62, https://doi.org/10.2202/1469-3569.1338.

[80] The European Union. Fourth EU U.S. Trade and Technology Council Ministerial Stakeholder Event Report[R/OL]. (2023–05–31) [2025–01–15]. https://futurium.ec.europa.eu/system/files/2023-06/TTC4%20Stakeholder%20Event%20Report.pdf.

[81] International Organization for Standardization(ISO). ISO–TMBG–SAG_MRS_N0049_SAG_MRS_Report[R/OL]. (2019–12–30) [2025–01–15]. https://webdesk.jsa.or.jp/pdf/dev/md_4968.pdf.

[82] American National Standards Institute(ANSI). ANSI 2019–2020 Annual Report[R/OL]. (2020–10–21) [2025–01–15]. https://share.ansi.org/Shared%20Documents/News%20and%20Publications/Brochures/Annual%20Report%20Archive/2019-2020-Annual-Report.pdf.

[83] American National Standards Institute(ANSI). ANSI Energy Efficiency Standardization Coordination Collaborative (EESCC) Framework[EB/OL]. [2025–01–15]. https://share.ansi.org/EESCC/EESCC_Framework.pdf.

[84] American National Standards Institute(ANSI). Standardization Roadmap For Unmanned Aircraft Systems, Version 2.0[EB/OL]. (2020–06) [2025–01–15]. https://share.ansi.org/Shared%20Documents/Standards%20Activities/UASSC/ANSI_UASSC_Roadmap_V2_June_2020.pdf.

[85] American National Standards Institute (ANSI). Nuclear Energy Standards Coordination Collaborative Framework[EB/OL]. (2013–11–07) [2025–01–15]. https://share.ansi.org/shared%20documents/Meetings%20and%20Events/NESCC/NESCC-Framework-1113.pdf.

[86] American National Standards Institute (ANSI). America Makes & ANSI Additive Manufacturing Standardization Collaborative (AMSC) Roadmap v3

Working Group (WG) Architecture[EB/OL]. (2023 – 05 – 31) (2025 – 01 – 15). https://share.ansi.org/Shared%20Documents/Standards%20Activities/AMSC/Roadmap%20v3%20Development/AMSC_v3_WG_Architecture.pdf.

[87] American National Standards Institute (ANSI). Roadmap of Standards and Codes for Electric Vehicles at Scale[EB/OL]. (2023 – 06) [2025 – 01 – 15]. https://share.ansi.org/evsp/ANSI_EVSP_Roadmap_June_2023.pdf.

[88] American National Standards Institute (ANSI). ANSl EVSP Roadmap Standards Compendium[EB/OL]. (2014 – 11 – 26) [2025 – 01 – 15]. https://share.ansi.org/evsp/ANSI_EVSP_Roadmap_Standards_Compendium.xls.

[89] National Institute of Standards and Technology (NIST). NIST Awards 5 Universities With Key Funding to Develop Standards Curricula in Manufacturing, Maritime Design and More[EB/OL]. (2021 – 10 – 28) [2025 – 01 – 15]. https://www.nist.gov/news-events/news/2021/10/nist-awards-5-universities-key-funding-develop-standards-curricula.

[90] National Institute of Standards and Technology (NIST). NIST Awards Funding to 5 Universities to Advance Standards Education[EB/OL]. (2022 – 09 – 22) [2025 – 01 – 15]. https://www.nist.gov/news-events/news/2022/09/nist-awards-funding-5-universities-advance-standards-education.

[91] American National Standards Institute (ANSI). Engaging Consumers in the American National Standards Process—An Informational Guide for ANSI-Accredited Standards Developers[EB/OL]. (2021 – 06 – 10) [2025 – 01 – 15]. https://share.ansi.org/Shared%20Documents/About%20ANSI/Current_Versions_Proc_Docs_for_Website/Engaging-Consumers-in-the-ANS-Process.pdf.

[92] American National Standards Institute (ANSI). The Importance of Consumer Voices in Standards Setting: Q&A with R. David Pittle[EB/OL]. (2022 – 06 – 14) [2025 – 01 – 15]. https://www.ansi.org/standards-news/all-news/2022/06/6-14-22-the-importance-of-consumer-voices-in-standards-setting--qanda-with-r-david-pittle.

[93] American National Standards Institute (ANSI). Amplifying Consumer Interests at Home and Abroad: Q&A with Linda Golodner, Ansi Consumer Interest Forum Chair[EB/OL]. (2022 – 03 – 29) [2025 – 01 – 15]. https://www.ansi.org/standards-news/all-news/2022/03/3-29-22-amplifying-consumer-interests-at-home-and-abroad.

[94] American National Standards Institute (ANSI). Consumers: Please Review Opportunity Spotlight or Submit a Request to Participate in Standards Development[EB/OL]. [2025–01–15]. https://www.ansi.org/outreach/consumers/participation-opportunities.

[95] The European Union. Highlights from the European Parliament hearing of Cecilia Malmstrom European Commissioner for Trade[EB/OL]. (2015–11–10) [2025–01–15]. https://www.europarl.europa.eu/RegData/etudes/BRIE/2014/536417/EXPO_BRI (2014)536417_EN.pdf.

[96] The White House. Remarks by President Biden Before the 76th Session of the United Nations General Assembly[EB/OL]. (2021–09–21) [2025–01–15]. https://www.whitehouse.gov/briefing-room/speeches-remarks/2021/09/21/remarks-by-president-biden-before-the-76th-session-of-the-united-nations-general-assembly/.

[97] U.S. Department of State. Remarks After the U.S.-EU Trade and Technology Council Ministerial[EB/OL]. (2021–09–29) [2025–01–15]. https://www.state.gov/secretary-antony-j-blinken-secretary-of-commerce-gina-raimondo-ambassador-katherine-tai-u-s-trade-representative-valdis-dombrovskis-executive-vice-president-for-an-economy-that-works-for-peop/.

[98] Center for Strategic and International Studies (CSIS). The U.S.-EU Trade and Technology Council Assessments and Recommendations. [EB/OL] (2022–11) [2025–01–15]. https://www.csis.org/analysis/us-eu-trade-and-technology-council-assessments-and-recommendations.

[99] The White House. Remarks by the President in State of the Union Address | January 20, 2015[EB/OL]. (2015–01–20) [2025–01–15]. https://obamawhitehouse.archives.gov/the-press-office/2015/01/20/remarks-president-state-union-address-january-20-2015.

[100] U.S. Department of State. Secretary Antony J. Blinken And European Commission Executive Vice President Margrethe Vestager At the Fifth U.S.-EU Trade and Technology Council Ministerial Meeting[EB/OL]. (2024–01–30) [2025–01–15]. https://www.state.gov/secretary-antony-j-blinken-and-european-commission-executive-vice-president-margrethe-vestager-at-the-fifth-u-s-eu-trade-and-technology-council-ministerial-meeting/.

[101] U.S. Department of Commerce. Remarks by U.S. Secretary of Commerce Gina Raimondo on the U.S. Competitiveness and the China Challenge[EB/OL]. (2022–11–30) [2025–01–15]. https://www.commerce.gov/news/speeches/2022/11/remarks-us-secretary-commerce-gina-raimondo-us-competitiveness-and-china.

[102] American National Standards Institute (ANSI). ANSl-USAlD Standards Alliance Annual Report: 2013–2014[R/OL]. (2014–08) [2025–01–15]. https://pdf.usaid.gov/pdf_docs/PA00W58R.pdf.

[103] American National Standards Institute (ANSI). ANSl-USAlD Standards Alliance Annual Report: 2017–2018[R/OL]. [2025–01–15]. https://share.ansi.org/Shared%20Documents/Standards%20Activities/International%20Standardization/Standards%20Alliance/StandardsAlliance-Annual-Report-Y5.pdf.

[104] Office of the United States Trade Representative. Formal Launch of the USAID-ANSI Standards Alliance Program – Remarks by Deputy U.S. Trade Representative Miriam Sapiro[EB/OL]. (2013–09–26) [2025–01–15]. https://ustr.gov/about-us/policy-offices/press-office/speeches/transcripts/2013/september/miriam-sapiro-usaid-ansi-standards-alliance-program-launch.

[105] American National Standards Institute (ANSI). ANSl-USAlD Standards Alliance Annual Report: 2016–2017[R/OL]. [2025–01–15]. https://share.ansi.org/Shared%20Documents/Standards%20Activities/International%20Standardization/Standards%20Alliance/StandardsAlliance-Annual-Report-Y4-2016-2017.pdf.

[106] American National Standards Institute (ANSI). Standards Alliance Quarterly Report 2019–Q1[R/OL]. [2025–01–15]. https://share.ansi.org/Shared%20Documents/Standards%20Activities/International%20Standardization/Standards%20Alliance/StandardsAlliance-Q1-2019.pdf.

[107] Christopher Paul, James Dobbins, Scott W. Harold, Howard J. Shatz, Rand Waltzman, Lauren Skrabala. A Guide to Extreme Competition with China[R/OL]. (2021–12–01) [2025–01–15]. https://www.rand.org/pubs/research_reports/RRA1378-1.html.

[108] World Trade Organization. World Trade Statistical Review 2023[M]. Switzerland: World Trade Organization, 2023 [2025–01–15]. https://www.

wto-ilibrary.org/content/books/9789287074195.

[109] Abramo FK Organski, Jacek Kugler. The War Ledger [M] Chicage and London: The University of Chicago Press, 1980.

[110] Robert Gilpin. The political Economy of the Multinational Corporation: Three Contrasting Perspectives[J]. American Political Science Review, 1976, 3(1): 184–191.

[111] American National Standards Institute (ANSI). Comments of the American National Standards Institute on FR Doc. 2021–24090, Request for Information on the Study on People's Republic of China (PRC) Policies and Influence in the Development of International Standards for Emerging Technologies[EB/OL]. (2021–12–06) [2025–01–15]. https://share.ansi.org/Shared%20Documents/News%20and%20Publications/Links%20Within%20Stories/ANSI-Comments_NIST-RFI-2021-0006_Final.pdf.

[112] The US-China Business Council (USCBC). China in International Standards Setting: USCBC Recommendations for Constructive Participation[EB/OL]. (2020–02) [2025–01–15]. https://www.uschina.org/wp-content/uploads/2025/01/china_in_international_standards_setting.pdf.

[113] U.S.-China Economic and Security Review Commission (USCC). U.S.-China Economic and Security Review Commission[R/OL]. (2020–12) [2025–01–15]. https://www.congress.gov/116/chrg/CHRG-116hhrg41347/CHRG-116hhrg41347.pdf.

[114] The US-China Business Council. China's Participation in International Standards Setting: Benefits and Concerns for US Industry[EB/OL]. (2020–02–07) [2025–01–15]. http://www.uschina.org/articles/chinas-participation-in-international-standards-setting-benefits-and-concerns-for-us-industry/.

[115] Richard P. Suttmeirer. Scientific Cooperation and Conflict Management in US-China Relations from 1978 to the Present[J]. Annals of the New York Academy of Sciences, 1998, 12: 137–164.

[116] Information Technology and Innovation Foundation (ITIF). America's National Security Concerns over China Shouldn't Imperil Its Leadership in Technical Standards Development[EB/OL]. (2023–01–20) [2025–01–15]. https://itif.org/publications/2023/01/20/americas-national-security-

concerns-over-china-shouldnt-imperil-its-leadership-in-technical-standards-development/.

［117］ National Institute of Standards and Technology (NIST). Commerce Levels Playing Field to Support U.S. Stakeholder Participation in International Standards Setting Activities[EB/OL]. (2022–09–08) [2025–01–15]. https://www.nist.gov/news-events/news/2022/09/commerce-levels-playing-field-support-us-stakeholder-participation.

［118］ American National Standards Institute (ANSI). ANSI Submits Coordinated Response to BIS on New Interim Final Rule that Amends the Export Administration Regulations, HUAWEI Inclusion[EB/OL]. (2020–08–17) [2025–01–15]. https://www.ansi.org/standards-news/all-news/2020/08/ansi-submits-coordinated-response-to-bis-on-new-interim-final-rule-that-amends-the-export-administra-17.

［119］ Information Technology and Innovation Foundation (ITIF). Huawei Trade Ban Killed America's Voice in Global Standard Setting Organizations[EB/OL]. (2020–05–18) [2025–01–15]. https://itif.org/publications/2020/05/18/huawei-trade-ban-killed-americas-voice-global-standard-setting/.

［120］ Martijn Rasser, Megan Lamberth. Taking the Helm: A National Technology Strategy to Meet the China Challenge[R]. Center for a New American Security, 2021.

［121］ The Carnegie Endowment for International Peace. Three Takeaways From China's New Standards Strategy[EB/OL]. (2021–10–28) [2025–01–15]. https://carnegieendowment.org/research/2021/10/three-takeaways-from-chinas-new-standards-strategy?lang=en.

［122］ Federal Register. Study on People's Republic of China (PRC) Policies and Influence in the Development of International Standards for Emerging Technologies[EB/OL]. (2021–11–04) [2025–01–15]. https://www.federalregister.gov/documents/2021/11/04/2021-24090/study-on-peoples-republic-of-china-prc-policies-and-influence-in-the-development-of-international.

［123］ Giulia Neaher, David A. Bray, Julian Mueller-Kaler, Benjamin Schatz. Standardizing the Future: How Can the United States Navigate the Geopolitics of International Technology Standards[R]. Washington, D.C Atlantic Council, 2021.

[124] ChinaFile Conversation. Will China Set Global Tech Standards?[EB/OL]. (2022-03-22) [2025-01-15]. https://www.chinafile.com/conversation/will-china-set-global-tech-standards.

[125] Mary Saunders, Stephanie Wander, Giulia Neaher. Rules of the Game: Standards and Competition in Emerging Technologies[EB/OL] (2022-01-31) [2025-01-15]. https://www.realcleardefense.com/articles/2022/01/31/rules-of-the-game-standards-and-competition-in-emerging-technologies-814476.html.

[126] United States Trade Representative. 2023 Report to Congress on China's WTO Compliance[R/OL]. (2024-12) [2025-01-15]. USTR Report on China's WTO Compliance (Final).pdf.

[127] Centre for Strategic and International Studies (CSIS). Securing global standards for innovation and growth[EB/OL]. (2021-12-06) [2025-01-15]. https://downloads.regulations.gov/NIST-2021-0006-0027/attachment_1.pdf.

[128] Center for Strategic and International Studies (CSIS). Renewing US Leadership in Standards[EB/OL]. (2022-01) [2025-01-15]. https://www.csis.org/analysis/renewing-us-leadership-standards.

[129] Nuclear Museum. George Kistiakowsky's Interview[EB/OL]. (1982-01-15) [2025-01-15]. https://ahf.nuclearmuseum.org/voices/oral-histories/george-kistiakowskys-interview/.

[130] Federal Register. Comments on "Study on People's Republic of China (PRC) Policies and Influence in the Development of International Standards for Emerging Technologies" Submitted response to Federal Register by the U.S. Technical Advisory Group[EB/OL]. (2021-12-06) [2025-01-15]. https://www.federalregister.gov/documents/2025/01/16/2025-00711/implementation-of-additional-due-diligence-measures-for-advanced-computing-integrated-circuits.

[131] Information Technology & Innovation Foundation (ITIF). The Biden Administration Overreacts Responding to China's Role in Setting Standards for Quantum Technologies[EB/OL]. (2024-07-29) [2025-01-15]. https://itif.org/publications/2024/07/29/the-biden-administration-overreacts-in-responding-to-china-s-role-in-setting-standards-for-quantum-technologies/.

附录 1

中外缩略语对照表

3GPP：3rd Generation Partnership Project 第三代合作伙伴计划

A

A2LA：American Association for Laboratory Accreditation 美国实验室认可协会

AAMI：Association for the Advancement of Medical Instrumentation 医疗器械促进协会

AATCC：American Association of Textile Chemists and Colorists 美国纺织化学家和染色师协会

ABNT：Associação Brasileira de Normas Técnicas 巴西技术标准协会

ABRALIMP：Associação Brasileira do Mercado Limpeza Profissional 巴西专业清洁市场协会

ACC：American Chemical Council 美国化学理事会

ADA：American Dental Association 美国牙科协会

ADEL：Asociación de Empresas de Limpieza 阿根廷清洁企业协会

AdvaMed：Advanced Medical Technology Association 美国先进医疗技术协会

AESC：American Engineering Standards Committee 美国工程标准委员会

AHAM：Association of Home Appliance Manufacturers 美国家用电器制造商协会

AI：Artificial Intelligence 人工智能

AIA：Aerospace Industries Association of America 美国航空航天工业协会

AIME：American Society of Mining and Metallurgical Engineers 美国采矿和冶金工程师协会

AMEXHI：Asociación Mexicana de Empresas de Hidrocarburos 墨西哥石油企业协会

AMSC：America Makes & ANSI Additive Manufacturing Standardization Collaborative 增材制造标准化协作平台

ANDESCON：Andean Council IEEE 安第斯理事会会议

ANELAC：Asociacion Nacional De Empresas De Limpieza Ac 墨西哥全国清洁公司协会

ANS：American National Standard 美国国家标准

ANSI：American National Standards Institute 美国国家标准学会

ANSI-NSP：ANSI Nanotechnology Standards Panel 纳米技术标准专家组

ANSSC：ANSI Network on Smart and Sustainable Cities 智慧与可持续城市发展论坛

APEC：Asia-Pacific Economic Cooperation 亚太经济合作组织

API：American Petroleum Institute 美国石油协会

ASA：American Standards Association 美国标准协会

ASCE：American Society of Civil Engineers 美国土木工程师协会

ASD：Accredited Standards Developers 认可的标准制定组织

ASD：AeroSpace and Defence Industries Association of Europe 欧洲航空航天与防务工业协会

ASEA：Agencia de Seguridad, Energía y Ambiente 墨西哥国家安全、能源和环境保护局

ASHRAE：American Society of Heating, Refrigerating and Air-Conditioning Engineers 美国供暖制冷与空调工程师学会

ASME：American Society of Mechanical Engineers 美国机械工程师协会

ASTM International：American Society for Testing and Materials 美国材料与试验协会

B

BIS：Bureau of Industry and Security 美国工业和安全局

BSA：Business Software Alliance 美国软件联盟

BSR：Board of Standards Review 标准审查委员会

C

CAFTA-DR：Dominican Republic-Central America FTA 美国—中美洲—多米尼加自由贸易协定

CANENA：Council for the Harmonization of Electrotechnical Standards of the Nations of the Americas 美洲国家电工技术标准化协调委员会

CEN：Comité Européen de Normalisation 欧洲标准化委员会

CENELEC：European Committee for Electrotechnical Standardization 欧洲电工技术标准化委员会

CET：Critical and Emerging Technology 关键和新兴技术

CEU：Continuing Education Units 继续教育学分

CNAS：Center for a New American Security 新美国安全中心

CONCAPAN：Convención IEEE de Centroamérica y Panamá IEEE 中美洲和巴拿马会议

COPANT：The Pan American Standards Commission 泛美标准委员会

CPC：Continuing Professional Competency 持续专业能力

CPSC：Consumer Product Safety Commission 美国消费品安全委员会

CSA：Canadian Standards Association 加拿大标准协会

CSDS：Collaborative Standards Development System 协作标准开发系统

CSIS：Center for Strategic and International Studies 美国战略与国际研究中心

CTIA：Cellular Telecommunications Industry Association 美国无线通信和互联网协会

D

DARPA：Defense Advanced Research Projects Agency 美国国防高级研究计划局

DGN：Dirección General de Normas 墨西哥标准总局

DISCUS：Distilled Spirits Council of the United States 美国蒸馏酒精理事会

DOD：Department of Defense 美国国防部

DOE：Department of Energy 美国能源部

DOJ：Department of Justice 美国司法部

DOT：Department of Transportation 美国交通部

E

EAC：East African Community 东非共同体

EAR：Export Administration Regulations 出口管理条例

ECOSOC：Economic and Social Council 联合国经济和社会理事会

EESCC：Energy Efficiency Standards Coordination Collaborative 能效标准协作平台

EMA：Entidad Mexicana de Acreditación 墨西哥认可机构

EPA：Environmental Protection Agency 美国环境保护署

ETSI：European Telecommunications Standards Institute 欧洲电信标准协会

ExSC：Executive Standards Council 执行标准委员会

F

FCC：Federal Communications Commission 美国联邦通信委员会

FDA：Food and Drug Administration 美国食品药品管理局

FPD：Federal Product Descriptions 联邦产品说明

FTA：Free Trade Agreement 自由贸易协定

G

G7：Group of Seven 七国集团

GE：General Electric 通用电气

GM：General Motors 通用汽车公司

GSA：U.S. General Services Administration 总务管理局

H

HDSSC：Homeland Defense and Security Standardization Collaborative

国防安全标准化协作平台

HHS：United States Department of Health and Human Services 美国卫生与公众服务部

I

IAPMO：International Association of Plumbing and Mechanical Officials 美国国际管道暖通器械协会

IATA：International Air Transport Association 国际航空运输协会

ICC：International Code Council 国际规范委员会

ICCTEP：IEEE C-DOT Certified Telecom Expert Program IEEE C-DOT 认证电信专家计划

ICONTEC：Instituto Colombiano de Normas Técnicas y Certificación 哥伦比亚技术标准和认证研究所

ICSP：Interagency Committee on Standards Policy 机构间标准政策委员会

IEC：International Electrotechnical Commission 国际电工委员会

IEEE：Institute of Electrical and Electronics Engineers 电气与电子工程师学会

ILN：IEEE Learning Network IEEE 学习网络

INACAL：Instituto Nacional de Calidad 秘鲁国家质量研究院

INEN：Servicio Ecuatoriano de Normalización 厄瓜多尔国家标准机构

INN：Instituto Nacional de Normalización 智利国家标准机构

IPEF：Indo-Pacific Economic Framework for Prosperity 印太经济繁荣框架

ISA：International Standards Association 国际标准协会

ISGT-LA：Innovative Smart Grid Technologies，Latin America 拉丁

美洲创新智能电网技术会议

  ISO：International Organization for Standardization 国际标准化组织

  ISO STS：ISO Standards Tag Suite ISO 标准的标签集

  ISSA：International Sanitary Supply Association 美国国际清洁卫生协会

  ITA：International Trade Administration 美国国际贸易管理局

  ITIF：Information Technology and Innovation Foundation 美国信息技术与创新基金会

  ITU：International Telecommunication Union 国际电信联盟

J

  JAIC：Joint Artificial Intelligence Center 联合人工智能中心

  JIFSAN：Joint Institute for Food Safety and Applied Nutrition 食品安全和应用营养联合研究所

  JRC：Joint Research Centre 欧盟联合研究中心

  JTC：Joint Technical Committee 联合技术委员会

K

  K-12：Kindergarden through Twelfth Grade 美国基础教育的简称

L

  LASCAS：Latin American Symposium on Circuits and Systems 拉丁美洲电路与系统专题讨论会

  LATINCOM：Latin American Conference on Communications 拉丁美洲通信会议

M

  MENA：Middle East and North Africa 中东和北非地区

MILSPECS：Military Specification 国防部的军用规格和标准

MOU：Memorandum of Understanding 谅解备忘录

MPEG-M：Moving Picture Experts Group 动态图像专家组

N

NAFTA：North American Free Trade Agreement 北美自由贸易协定

NBS：National Bureau of Standards 国家标准局

NDAA：National Defense Authorization Act 国防授权法案

NEISS：National Electronic Injury Surveillance System 国家电子伤害监测系统

NESCC：ANSI-NIST Nuclear Energy Standards Coordination Collaborative 核能标准化协作平台

NFPA：National Fire Protection Association 美国消防协会

NHTSA：U.S. Highway Traffic Safety Administration 美国道路交通安全管理局

NISO：National Information Standards Organization 美国国家信息标准组织

NIST：National Institute for Standards and Technology 美国国家标准与技术研究院

NSC：National Security Council 美国国家安全委员会

NSF：National Sanitation Foundation 美国国家卫生基金会

NSF：National Science Foundation 美国国家科学基金会

NSS：National Security Strategy 国家安全战略

NSS：National Standard Strategy 国家标准战略

NSTC：National Science and Technology Council 美国国家科学技术委员会

NSTC：National Semiconductor Technology Center 国家半导体技术中心

NTTAA：*National Technology Transfer and Advancement Act of 1995* 《1995年国家技术转让和促进法》

NVLAP：National Voluntary Laboratory Accreditation Program 国家自愿性实验室认可计划

O

OECD：Organization for Economic Co-operation and Development 经济合作与发展组织

OGC：Open Geospatial Consortium 开放地理空间信息联盟

OMB：Office of Management and Budget 美国白宫管理和预算办公室

OMB A-119：Office of Management and Budget（OMB）A-119 美国白宫管理和预算办公室第A-119号行政通告

OMB OIRA：OMB Office of Information and Regulatory Affairs 美国白宫管理和预算办公室的内部监管事务办公室

OSHA：Occupational Safety and Health Administration 美国职业安全与健康管理局

OSTP：Office of Science and Technology Policy 白宫科技政策办公室

P

PAHO：Pan American Health Organization 泛美卫生组织

PASC：Pacific Area Standards Congress 太平洋地区标准大会

PCPC：Personal Care Product Council 美国个人护理产品委员会

PDH：Professional Development Hours 专业发展学时

PSA：Procedures & Standards Administration 标准流程和管理部

PSDO：Partner Standards Development Organization 标准制定合作伙伴

Q

QUAD：Quadrilateral Security Dialogue 美日印澳四边机制

R

RSS Group：Regulatory Strategies Solution Group 白宫信息监管事务部监管战略咨询小组

S

SADC：Southern African Development Community 南部非洲发展共同体

SAE：Society of Automotive Engineers 国际自动机工程师学会，美国汽车工程师学会（原译）

SC：Sub-technical Committee 分技术委员会

SDO：Standards Developing Organizations 标准制定组织

SIBR：Standards Incorporated by Reference 法规引用标准

SMART：Standards Machine Applicable，Readable and Transferable 机器可读标准

SPS：Sanitary and Phytosanitary Measures 实施卫生与植物卫生措施协定

SSI：Strategic Standardization Information 美欧战略标准化信息

STEM：Science、Technology、Engineering、Mathematics 科学、技术、工程和数学

T

TAG：Technical Advisory Groups 美国技术咨询小组

TBT：Technical Barriers to Trade 技术性贸易壁垒

TC：Technical Committee 技术委员会

TCPD：Technology Competition Policy Dialogue 联合技术竞争政策对话

TIA：Telecommunication Industries Association 美国通信工业协会

TIA：Toy Industry Association 美国玩具行业协会

TMB：Technical Management Board 技术管理局

TPA：Trade Promotion Agreement 贸易促进协定

TTC：Trade and Technology Council 欧美贸易技术理事会

TTIP：*Transatlantic Trade and Investment Partnership*《跨大西洋贸易与投资伙伴关系协定》

U

UASSC：Unmanned Aircraft Systems Standardization Collaborative 无人驾驶飞机系统标准协作平台

UES：United Engineering Society 联合工程学会

UL：Underwriter Laboratories Inc. 美国保险商实验室

UNBS：Uganda National Bureau of Standards 乌干达国家标准机构

USAID：U.S. Agency for International Development 美国国际开发署

USASI：United States of America Standards Institute 美国标准学会

USCBC：US-China Business Council 美中贸易全国委员会

USDA：U.S. Department of Agriculture 美国农业部

USDL：U.S. Department of Labor 美国劳工部

USMCA：United States-Mexico-Canada Agreement 美墨加协定

USNC：United States National Committee 美国IEC国家委员会

USPTO：U.S. Patent and Trademark Office 美国专利商标局

USSS：United States Standards Strategy 美国标准战略

USTR：Office of U.S. Trade Representative 美国贸易代表办公室

V

VCS：Voluntary Consensus Standard 自愿共识标准

VTAG：Virtual Technical Advisory Groups 虚拟技术咨询小组

W

W3C：World Wide Web Consortium 万维网联盟

WTO：World Trade Organization 世界贸易组织

附录 2

有关美国标准化的主要文件

时间	文件	备注
1995	《1995年国家技术转让和促进法案》	要求所有联邦机构应使用自愿共识标准组织制定的标准作为实现本部门政策目标和开展行政管理工作的工具手段
1998	《美国白宫管理和预算办公室第A-119号行政通告》	要求所有联邦机构必须使用自愿共识标准来代替政府自有标准以作为政府采购和行政监管的依据
2000	《美国国家标准战略》(2000版)	
2000	《联邦标准化手册》	将民间标准作为政府采购技术依据的指南
2004	《2004年标准制定组织进步法》	豁免民间标准组织在反垄断诉讼中的连带责任
2005	《美国标准战略》(2005版)	
2010	《美国标准战略》(2010版)	
2011	《联邦政府参与标准活动以解决国家优先事项》	在网络安全、医疗信息化、智能电网和公共安全通信等国家优先事项领域,联邦政府应通过NIST与民间标准制定机构共同开展工作
2011	《行政部门和机构负责人关于联邦机构参与标准活动以解决国家优先事项的原则备忘录》	指导联邦政府参与有助于解决国家优先事项的标准活动的原则

续表

时间	文件	备注
2015	《美国标准战略》（2015版）	
2018	《国家量子倡议法案》	建立国家量子协调办公室，要求NIST确定未来的测量、标准、网络安全以及其他需求
2019	《关于自愿遵守公平、合理和非歧视承诺的标准必要专利救济措施的政策声明》（2019年政策声明）	专利权人在标准必要专利侵权诉讼中可以申请禁令救济以保障自身权益
2019	《保持美国在人工智能领域的领导地位》行政令	要求NIST制定一项关于美国联邦政府参与人工智能相关的标准和工具研发的行动计划
2019	《美国在人工智能领域的领导地位：联邦政府参与开发技术标准和相关工具的计划》	提出联邦政府在人工智能标准制定中的四种参与方式和重点参与的标准领域
2019	《关于促进在联邦机构中使用可信赖的人工智能的行政令》	要求各联邦机构使用由业界参与制定的自愿协商一致标准
2020	《美国标准战略》（2020版）	
2020	《在标准制定组织（SDO）范畴内向实体清单上某些实体披露"技术"的临时最终规则》	对与华为及其关联实体在标准组织中开展合作提供豁免
2020	《美国的科技竞争新战略》	提出涵盖基础科学研究、5G数字通信、人工智能和生物技术4个主要领域的16项政策建议，鼓励私营部门，尤其是小微企业，以及来自美国政府主要标准机构参与国际标准制定，"重建美国在全球技术标准制定方面的领导地位"
2021	《欢迎公众就受F/RAND承诺约束的标准必要专利许可谈判和补救措施的政策声明草案发表意见》	强调了标准必要专利善意许可的重要性，撤回"2019年政策声明"
2021	《民主技术合作法案》	发展"民主国家"间的技术合作伙伴关系，共同制定全球技术规则、标准和协议
2021	《2021年战略竞争法案》	指责中国支持中国企业采用独特的技术标准而非全球公认标准，迫使外国企业改变其产品和制造链

续 表

时间	文件	备注
2021	《2021年创新和竞争法案》	优先考虑为新兴技术制定标准；识别和评估阻碍美国政府专家参与国际标准化活动的障碍，加强与相关方及盟友之间的信息共享；增强美国在国际标准制定机构中的代表权
2022	《芯片和科学法》	对芯片研发、制造和劳动力发展、关键技术领域科研与创新提供高额补贴，资助关键技术领域的标准化活动
2022	《2022年国家安全战略》	制胜美方想定的地缘政治竞争对手，深化与志同道合国家的合作，制定更高的标准供其他国家效仿，召集"志同道合"的参与者共同推进国际技术生态系统，维护国际标准制定的完整性
2023	《美国政府关键和新兴技术国家标准战略》	提出8个关键和新兴技术领域的政府标准战略，包括4项目标和8项对应措施
2023	《组织开发先进人工智能系统的国际行为准则》	指导各类组织开发先进的人工智能基础模型、系统和技术标准，鼓励美欧企业积极参与制定和采用国际标准

附录 3

《美国标准战略 2020》(摘要)

一、战略概要

美国国家标准学会(ANSI)于 2021 年 1 月发布《美国标准战略 2020》,由前言、战略倡议、行动指令、指导原则、战略愿景、实施措施以及未来工作展望等组成。战略分析了全球范围和美国国内的标准化发展现状,阐述了美国标准体系的九大原则、美国标准化战略的总体目标和十二项具体行动举措,并提出了对未来工作的展望。

二、战略倡议

(1)加强政府部门参与制定和使用标准。

(2)持续解决环境、健康、安全和可持续性发展问题。

(3)保护消费者利益。

(4)推广国际公认的标准制定原则。

(5)鼓励政府以标准支撑监管需求。

(6)防止标准成为技术性贸易壁垒。

（7）有计划地向全球推广美国标准的价值。

（8）更有效和及时地制定和推广标准。

（9）提高标准活动的协作性和一致性。

（10）提高全社会的标准化意识和能力。

（11）尊重美国标准体系的多样化融资模式。

（12）解决美国新兴重点领域对标准的需求。

三、指导原则

透明度、开放性、公正性、有效性和相关性、共识性、基于性能、一致性、正当程序、技术援助。

四、战略愿景

（一）全球范围

（1）采用国际认可的原则，推动制定全球相关标准。

（2）政府在监管和采购方面参加全球标准制定，并依靠自愿共识标准解决监管需求。

（3）支持灵活的标准解决方案，应对全球挑战、促进国际贸易和便利市场准入。

（4）有效利用数字化技术，优化全球标准的制定和更大范围应用。

（5）向国际、国外政府和非政府组织及相关项目推广美国标准战略。

（二）美国国内

（1）通过所有感兴趣和受影响的利益相关者的合作，产生基于标准的解决方案，促进和加强美国的全球竞争力。

（2）美国所有利益相关方共同努力消除不必要的冗余和重叠。

（3）公共部门和私营部门管理人员认识到标准化价值，并提供充足的资源和稳定的融资机制以支持上述工作。

（4）美国标准体系迅速并尽责地应对国内和国际需求，并提供相应的标准。

五、实施措施

总体目标：构建动态标准架构以发挥美国标准化优势

（一）加强各级政府在标准化活动中的参与

ANSI、标准制定组织、政府和企业应合作，利用自愿共识标准满足政府需求，并确保各方能持续获取被法律法规引用的标准，同时保护标准必要专利。ANSI 和标准制定组织应协助州、地方政府协调部门利益与标准制定活动。

（二）关注环保、医疗卫生、公众安全、可持续领域自愿性标准

标准制定组织应制定指导原则，鼓励参与者将环境、卫生、安全和可持续性作为工作重点。政府、企业、消费者及其代表在参与标准化过程中，应确保标准满足与环境、卫生、安全和可持续性相关的公共利益。ANSI 在制定标准时，应考虑环保、健康、安全和可持续性因素。

（三）提升标准体系对消费者利益的响应能力

标准制定组织应考虑消费者参与，支持其参与会议并征询意见。企业应利用消费者调查作为决策依据。政府应加强与消费者合作，提供标准信息。ANSI 应与消费者组织合作，增进消费者对标准化的理解，并鼓励其参与标准制定。标准相关方应为消费者参与提供资源和资金。

（四）积极推进国际公认标准制定原则的全球应用

美国政府应持续支持标准制定中的公私合作优势，维护国际标准体系的公正性，并规范相关机构流程。在双边、区域和国际论坛上，

美国应推动对国际标准化原则的统一解释和应用，依据世界贸易组织《技术性贸易壁垒（TBT）协定》，促进国际标准原则的一致性应用，并确保国际标准机构的表决尊重各方观点。

（五）推动政府部门间协调，支持自愿性标准在行政管理中的作用

鼓励政府采纳自愿性标准以满足监管需求，与所有利益相关方合作制定全球认可的标准。标准制定者和企业应与政府合作制定支撑跨司法区监管需求的自愿性标准。ANSI和美国政府应共同努力，增进美国和国际利益相关方对在监管中使用自愿性标准益处的理解。

（六）防止标准及其应用成为美国产品和服务的技术性贸易壁垒

美国应与他国合作，尽量减少技术性贸易壁垒。这包括与世界贸易组织成员共同努力，全面实施TBT协定及其相关决策。政府和企业需减少技术标准带来的贸易壁垒影响。同时，美国私营部门和政府应确保标准不会成为贸易障碍。

（七）加强全球推广，使国外加深对美国标准的了解

美国政府和私营部门应推动与全球标准相关的政策和程序。标准制定组织应利用新技术促进国外，特别是新兴市场利益相关方参与标准化。ANSI应主导与国外标准组织的对话，促进美国标准的全球推广。

（八）持续优化标准制修订工具，促进标准制定和推广

标准制定组织需不断改进流程，利用先进工具推动全球参与和标准快速传播。企业、政府和消费者应向标准制定者提供反馈，分享成功经验。美国参与者应积极参与标准制定，优化流程和工具。ANSI应建立平台，培养数字化工具的专业人才。

（九）加强标准活动的合作与一致性

ANSI应确保其标准遵循美国国家设计原则，并尽量减少与其他标准的冲突。ANSI应主动与标准制定者和参与者合作。标准制定组织应寻求合作和信息共享的机会。企业、消费者和政府应主动与标准制定组织沟通,以提高标准制定的效率和标准的互操作性。政府应提供及时的监管信息,以避免冲突。

(十)促进标准化队伍建设

各方应共同制定标准教育计划,提升标准意识。培训应覆盖行业管理者、标准制定者、实施者、大学生、青年和初级专业人员。从小培养学生的标准活动意识,激发其职业兴趣。学术界需将标准纳入多个研究领域。行业和标准组织应开展职业培训。

(十一)尊重美国标准体系的各种融资模式

标准制定组织应促进企业和政府参与,向决策者和消费者传达美国标准体系的价值。企业应通过专家参与和信息分享支持标准制定。政府应通过金融和立法支持,推广美国标准体系,并在制定政策和立法时考虑标准制定组织的作用,利用标准满足监管和采购需求。

(十二)满足重点和新兴技术领域的标准化需求

政府应与企业和标准组织合作,确定关键和新技术领域所需的标准。ANSI应继续通过标准化协作应对新技术挑战。标准组织应积极支持国家关键和新技术领域的标准工作。各方应积极应对标准的国际影响,支持国家优先项目。

六、未来工作展望

战略适用于美国标准体系内所有利益相关方以及未来潜在的相关方,鼓励所有利益相关方参与实施美国标准战略。战略更新周期为5年。

附录 4

《美国政府关键和新兴技术国家标准战略》（摘要）

一、战略概要

美国白宫于 2023 年 5 月发布了《美国政府关键和新兴技术国家标准战略》，阐述了美国政府将如何加强在国际标准开发方面的领导力和竞争力，并确保关键和新兴技术（CET）标准制定符合透明性、公开性、公正性、一致性、有效性、相关性和广泛参与的原则。战略列出了 CET 标准制定的优先领域和重点应用领域，提出了四大目标和八大措施，以确保美国在制定 CET 标准方面保持全球领先地位。

二、关键和新兴技术标准领域

（一）优先技术领域

（1）通信和网络技术：使消费者、企业和政府的互动方式发生巨大变化，并将成为未来关键通信网络的基础。

（2）半导体和微电子：包括计算、内存和存储技术；影响全球经济、社会和政府各方面，并为创新提供动力。

（3）人工智能和机器学习：如果开发的方法值得信赖并基于风险管理，那么有望在各个行业实现技术性变革和科学突破。

（4）生物技术：将对全球健康、农业和工业带来影响，为此须安全和可靠地使用这些技术，以保护美国公民、动物和环境的健康。

（5）定位、导航和授时服务：将无形间对技术和基础设施带来较大影响，包括电网、通信基础设施和移动设备、交通运输、精准农业、天气预报和应急响应。

（6）数字身份基础设施和分布式账本技术：对关键经济部门产生影响。

（7）清洁能源生产和储存：对能源的发电、储存、分配、环保、高效以及支持能源生产厂的技术安全至关重要。

（8）量子信息技术：利用量子力学对信息进行存储、传输、操纵、计算或测量，对国家安全和经济有重大影响。

（二）重点应用领域

（1）自动化和互联基础设施：如智能社区、物联网和其他新型应用。

（2）生物库：涉及生物样本的收集、储存和使用。

（3）自动化、互联和电气化交通：包括安全高效地集成到智慧社区和整个交通系统的各类自动化和互联地面车辆、无人驾驶飞机系统（其中大多可能是电动汽车），例如将电动汽车与电网、充电基础设施相结合的标准。

（4）关键矿产供应链：以标准助推可再生能源技术、半导体和电动汽车制造所需关键矿产的可持续开采。

（5）网络安全和隐私：为跨领域主题，对于促进新兴技术的发展和战略部署、推动数据和信息互通至关重要。

（6）碳捕集、清除、利用和储存：可建立在不断出台的二氧化碳储存标准和点源碳捕获、清除、利用标准的基础上,特别是与监测和验证相关时。

三、关键和新兴技术标准战略的目标和措施

(一)目标 1:资助

美国政府将加强对 CET 研发的支持,并进一步增加对标准化预研究的资助。创新、前沿科学和转化研究仍将是美国影响和领导国际标准制定的驱动力。该目标包括两项重点措施。

(1)增加研发资金,确保为未来标准研制奠定扎实基础。美国政府将与国会合作,根据财政预算增加研发资助,并更新国家科学基金会提案、奖励政策和程序,以纳入标准相关活动。

(2)支持制定解决风险、安全和复原力的标准。美国政府在领导国家安全标准制定方面独具优势,并将继续支持兼顾风险(包括威胁、脆弱性和后果)和安全因素的标准制定。

(二)目标 2:参与

美国政府将与私营部门和学术界密切合作,最大限度地缩小标准制定组织间的隔阂,共同应对挑战,加快 CET 标准的制定,并确保政府在私营部门主导的体系中发挥积极而适当的作用。美国政府还将继续为国际电信联盟(ITU)等基于条约的多边标准组织作出有意义的贡献。该目标包括三项重点措施。

(1)消除和防止私营部门参与标准制定的障碍。协调政策和法规,创造有利于美国私营部门参与和影响国际标准的环境。制定计划,促进美国利益相关者参与国际标准制定,消除参与的障碍。

(2)改善公共和私营部门之间关于标准的沟通。扩大与私营部门的沟通,包括:建立战略伙伴关系;推动信息共享;加强美国政府机构与私营部门的合作;共同确定提议建立国际标准组织技术委员会的

新领域，及优先考虑参与和领导的领域。阐明政府对技术领域的兴趣，并通过公私合作，为 CET 提供路线图。

（3）增强美国政府和志同道合的国家在国际标准管理和领导方面的代表性和影响力。提升政府的领导能力，扩大政府之间的协调，特别是与 ITU 的合作。扩大科学和技术外交，在 CET 领域的国际标准组织技术委员会中发挥领导作用。召集专家识别标准制定的适当时机，并促进美国参与高优先度的早期 CET 领域标准研制。

（三）目标 3：人才

美国政府将加强新一批能够有效推动技术标准研制的标准化专业人员的培育。与私营部门合作，寻找创新的方式来教育和培训学术界和产业界的人员。

重点措施：强化标准化教育并建立新标准化专业人员队伍。通过分享标准研制信息、培训和教育，增加初创企业、中小型企业、学术界和民间团体等利益相关者参与标准研制的机会。与大学和教育机构一起开发标准相关课程，并专注于开发 CET 标准技能。帮助标准专业人员提升能力并提供资源，提高政府官员的技术能力和标准队伍建设。

（四）目标 4：完整性和包容性

利用盟友和合作伙伴的支持，促进国际标准体系的完整性，确保国际标准建立在技术优势和公平程序的基础上，并寻求促进来自世界各国的广泛代表性。该目标包括两项重点措施。

（1）深化与盟友和合作伙伴的标准合作，以支持强有力的标准管理过程。加强和保护私营部门主导的国际标准进程，并寻求提高美国和合作伙伴在标准制定组织中的领导地位。将标准活动纳入双边和多边科学技术合作协议。与合作伙伴共同建设可持续的国际标准合作网络。通过技术援助、商业对话和其他贸易工具等方式，促进国际标准的采用。

（2）促进标准研制中的广泛代表性。支持新兴经济体培养多样化、包容性强的标准专业人才，使之能有效参与国际标准的制定，促进国际标准的使用。寻求与有影响力的新兴经济体学术机构或相关组织的合作。促进包括志同道合国家中小企业的参与，并进一步推进技术援助计划的策划和实施。

四、结论

美国必须采取积极措施，确保在全球 CET 标准领域保持领先地位。关键在于大力投资 CET 研发，加强公私及联盟伙伴关系，并扩展国际标准化专业人才。这些举措将促进美国产业经济增长，维护国际标准体系，并提升 CET 标准的全球适用性。

附录 5

"美国芯片计划"标准路线图概要

一、路线图概要

2024 年 9 月,美国商务部国家标准与技术研究院(NIST)发布"美国芯片计划"标准路线图概述,提出了要以标准实现引领创新和领导全球。该标准路线图得到了美国产业界、标准界和学术界的高度响应,并在 NIST 的组织下,共同提出了实现以上目标的标准战略优先领域和重点实施措施。

二、愿景、使命、目标

(一)路线图愿景

构建充满活力的微电子标准生态系统,在实现创新方面更智能、更快、更包容、更敏捷。这一愿景旨在促进芯片行业携手合作,确保标准制定的步伐与芯片产业的创新节奏同步,拓展参与标准活动的机遇,并有效应对行业需求。

(二)路线图使命

(1)支持私营部门的领导。

（2）专注于战略重点领域。

（3）开放和加快标准创新渠道。

（4）支持教育、提高标准意识和促进劳动力发展。

（5）协调政府的各项努力。

（6）加强与盟友合作。

（三）路线图的预期目标

（1）标准与创新步伐协同。

（2）标准赋能全球市场。

（3）让标准成为推动创新的平台。

（4）包容性标准领导力。

（6）标准制定中的职业机会教育。

（7）培养具备多样化标准能力的劳动力。

（四）芯片计划标准工作

（1）通过支持创新、合作的标准以及激发国内各类规模企业活力，来提升美国的经济安全。

（2）通过支持国内芯片产业的标准来维护国家安全，该产业具有弹性、可靠性、安全性，且在芯片技术方面处于全球领先。

（3）通过确立互操作性的标准，实现未来的创新，定义强大的测量功能，并建立有效的测试与保障机制，以促进新技术的采用。

图书在版编目（CIP）数据

合众与合纵：美国标准化体系的竞争力研究 / 上海市质量和标准化研究院著. -- 上海：上海科学技术出版社，2025.7. -- ISBN 978-7-5478-7255-0

Ⅰ. N171.2

中国国家版本馆CIP数据核字第2025YC2640号

合众与合纵——美国标准化体系的竞争力研究
上海市质量和标准化研究院　著

上海世纪出版（集团）有限公司
上　海　科　学　技　术　出　版　社　出版、发行
（上海市闵行区号景路159弄A座9F-10F）
邮政编码201101　www.sstp.cn
上海盛通时代印刷有限公司印刷
开本　787×1092　1/16　印张 14.75
字数 175千字
2025年7月第1版　2025年7月第1次印刷
ISBN 978-7-5478-7255-0 / F·59
定价：98.00元

本书如有缺页、错装或坏损等严重质量问题，请向印刷厂联系调换